2015 版环境管理体系标准理解与应用

郭庆华　编著

中国铁道出版社

２０１６年·北京

内 容 简 介

　　为便于广大组织,包括生产型和服务型组织的相关人员,以及内、外部审核员更好地理解和应用国际先进的环境管理体系标准,作者依据 GB/T 24001—2016 idt ISO 14001:2015《环境管理体系　要求及使用指南》,编写了本书。

　　本书主要内容包括:概论、术语和定义部分,环境管理体系要求的理解和应用,环境管理体系审核,以及附录环境管理体系审核思路和练习题参考答案。在本书的编写过程中,作者从满足组织和内、外部审核员准确理解国际环境管理体系标准要求和如何实现正确、有效应用标准的实际需求出发,理论结合实际,通过大量的实践案例,较为通俗易懂地介绍了与环境管理体系有关的知识和应用知识,包括相关过程的识别和证据的保留,给出了适量的示意图和表单格式提供参考。

　　本书适用于生产和提供或输出各种类型产品和服务的组织,同时,也适用于内、外部审核员学习参考,也可作为理工科大学环境管理专业的教学参考书。

图书在版编目(CIP)数据

2015 版环境管理体系标准理解与应用/郭庆华编著 . —北京:中国铁道出版社,2016.12
ISBN 978-7-113-22364-9

Ⅰ. ①2… Ⅱ. ①郭… Ⅲ. ①环境管理—体系—国际标准—研究 Ⅳ. ①X32-65

中国版本图书馆 CIP 数据核字(2016)第 230653 号

书　　名:2015 版环境管理体系标准理解与应用
作　　者:郭庆华　编著

责任编辑:黄　筱　　　　　　编辑部电话:(010)51873055
封面设计:郑春鹏
责任校对:苗　丹
责任印制:陆　宁　高春晓

出版发行:中国铁道出版社(100054,北京市西城区右安门西街 8 号)
网　　址:http://www.tdpress.com
印　　刷:中国铁道出版社印刷厂
版　　次:2016 年 12 月第 1 版　2016 年 12 月第 1 次印刷
开　　本:880 mm×1 230 mm　1/16　印张:8.75　字数:235 千
书　　号:ISBN 978-7-113-22364-9
定　　价:46.00 元

序

组织的成功来自有效和高效的管理,以及组织对所处环境和改善环境绩效的贡献。

国际标准化组织自 1996 年颁布用于管理目的的环境管理体系标准至今已有 20 年了。期间,国际标准化组织所属的环境管理技术委员会(ISO/TC 207)在 2004 年对环境管理标准进行了修订和再版。

自 2004 版 ISO 14001《环境管理体系 要求及使用指南》标准发布至今,世界环境状况发生了巨大变化,环境污染和生态破坏日益全球化,随着环境问题的日益严重,人类对环境问题的认识也在不断加深。

在当今世界上,人们越来越清楚地看到,环境问题已不再是某个国家和局部地区的事情。目前全球面临的主要环境问题包括全球气候变化、臭氧层破坏和损耗、生物多样性减少、土地荒漠化、森林植被破坏、水资源危机和海洋资源破坏、酸雨污染等,这些问题严重地威胁着人类的生存和发展,成为世界各国关心的大问题。

1. 全球气候变化

近年来,世界各国均出现了几个世纪来历史上最热的天气,厄尔尼诺现象的频繁发生也给各国造成了巨大的经济损失。1993 年美国一场飓风就造成 400 亿美元的损失,1995 年芝加哥的热浪引起 500 多人死亡。

科学家预测全球气候变化可能带来的影响和危害有:海平面上升、陆地面积减少、影响农业和自然生态系统、加剧洪涝、干旱及其他气象灾害、影响人类健康等。

2. 臭氧层破坏和损耗

目前,南极上空的臭氧层破坏面积已超过 2 400 万平方千米,北半球上空的臭氧层比以往任何时候都薄,欧洲和北美上空的臭氧层平均减少了 10%~15%,西伯利亚上空甚至减少了 35%。地球上臭氧层被破坏的程度远比一般人想象的要严重得多,如果平流层的臭氧总量减少 1%,预计到达地面的有害紫外线将增加 2%。有害紫外线的增加会产生如下危害:一是皮肤癌和白内障患者增加,损坏人的免疫力,使传染病的发病率增加;二是破坏生态系统;三是引发新的环境问题。

3. 生物多样性减少

自恐龙灭绝以来,地球历史上还从未出现当前如此之快的生物多样性减少,鸟类和哺乳动物现在的灭绝速度或许是它们在未受干扰的自然界中的 100~1 000 倍。1600—1950 年,已知的鸟类和哺乳动物的灭绝速度增加了 4 倍。自 1600 年以来,大约有 113 种鸟类和 83 种哺乳动物已经消失。1850—1950 年间,平均每年都会有一种鸟类和哺乳动物增加到灭绝名单上。

4. 土地荒漠化

从 1991 年底为联合国环发大会所准备报告的评估结果来看,全球荒漠化面积已从 1984 年的 34.75 亿公顷增加到 1991 年的 35.92 亿公顷,约占全球陆地面积的 1/4,已影响到了全世界 1/6 的人口、100 多个国家和地区。

土地荒漠化是自然因素和人为活动综合作用的结果。荒漠化的主要影响是土地生产力的下降和随之而来的农牧业减产,以及相应带来的巨大经济损失和一系列社会恶果,在极为严重的情况下,甚至会造成大量生态难民。

5. 森林植被破坏

森林破坏仍然是许多发展中国家面临的严重问题,森林减少的主要原因包括砍伐林木、开垦林地、采集薪材、大规模放牧、空气污染等。森林的不断减少,将给人类和社会带来很大的危害:一是导致气候异常;二是增加二氧化碳排放;三是导致物种灭绝和生物多样性减少;四是加剧水土侵蚀;五是减少水源涵养,加剧洪涝灾害。掠夺式地开发森林、草原,引起的沙漠化正使数百万人流离失所。

6. 水资源危机和海洋资源破坏

由于人口增长和经济发展而导致人均用水量的增加,在过去的 3 个世纪里,人类提取的淡水资源量增加了 35 倍。与淡水资源短缺相对应的是水资源的大量浪费。农业消耗了全球用水量的 70% 左右,但农业灌溉用水效率普遍比较低,许多灌溉系统 60% 以上的水在浇灌庄稼前就渗漏和蒸发掉了,并带来土壤盐渍化。水污染有三个主要来源:生活废水、工业废水和含有农业污染物的地面径流。另外,固体废物渗漏和大气污染物沉降也造成对水体的交叉污染。化肥和农药需求的日益增长和不合理使用,使农业的地表径流污染也发展成为一个比较严重的问题,成为湖泊等地表水体富营养化的一个重要来源。

人类活动产生的大部分废物和污染物最终都进入了海洋,海洋污染越来越趋于严重。目前,每年都有数十亿吨的淤泥、污水、工业垃圾和化工废物等直接流入海洋,河流每年也将近百亿吨的淤泥和废物带入沿海水域。

7. 酸雨污染

自 20 世纪 60 年代以来,随着世界经济的发展和矿物燃料消耗量的逐步增加,矿物燃料燃烧排放的二氧化硫、氮氧化物等大气污染物总量也不断增加,酸雨分布有扩大的趋势。欧洲和北美洲东部是世界上最早发生酸雨的地区,但亚洲和拉丁美洲有后来居上的趋势。酸雨污染可以发生在其排放地 500~2 000 千米的范围内,酸雨的长距离传输会造成典型的越境污染问题。酸雨的危害主要表现在以下几个方面:一是损害生物和自然生态系统;二是腐蚀建筑材料及金属结构。

目前,我国的环境状况并不十分理想,如大气污染、水质污染、水土流失、沙漠化以及森林、草原等各种自然资源的破坏等都很严重,严重地制约着我国经济持续稳定的发展和人们的健康与生活质量。

随着法律法规的日趋严格,以及因污染、资源的低效使用、废物管理不当、气候变化、生态系统退化、生物多样性减少等给环境造成的压力不断增大,社会对可持续发展、透明度和责任的期望值已发生了变化。

在进行 2015 版环境管理体系修订过程中,TC207 专家组服从 ISO/TMB 批准的管理体系通用标准(MSS)的框架结构(HLS),共用子条款名称和共用正文、术语和定义,同时,考虑TC207"EMS 未来挑战研究组"提出的建议,对环境管理体系要求的条款进行修订或补充。

ISO 14001:2015 标准按照 ISO Directive 附录 SL 所确定的高级结构将标准结构调整为十章,包括范围、规范性引用文件、术语和定义、组织环境、领导作用、策划、支持、运行、绩效评价、改进。其中,在 ISO 14001:2015 标准 4.1 章节中增加了"理解组织及其环境",在 4.2 章节增加了"理解相关方的需求和期望",在 6.1 章节增加了"应对风险和机遇的措施",以便组织应用基于风险的思维模式应对来自各方面的风险。

ISO 14001:2015 标准共有术语 33 个,其中将 2004 版中的 20 个术语去掉 7 个,剩余13 个,并对剩余的 13 个术语的定义的大部分做了修改,新增加术语 20 个。

我国已于 2016 年 10 月 13 日正式发布 GB/T 24001—2016 标准,该标准等同采用 ISO14001:2015 标准。

环境管理的系统方法可向组织的最高管理者提供信息,通过下列途径以获得长期成功,并为促进可持续发展创建可选方案:

——预防或减轻不利环境影响,以保护环境;

——减轻环境状况对组织的潜在不利影响;

——帮助组织履行合规义务;

——提升环境绩效;

——运用生命周期观点,控制或影响组织的产品和服务的设计、制造、交付、消费和处置等的方式,能够防止环境影响被无意地转移到生命周期的其他阶段;

——实施环境友好的、且可巩固组织市场地位的可选方案,以获得财务和运营收益;

——与有关的相关方沟通环境信息。

为便于广大组织,包括生产和服务型企业更好地应用全球先进的质量管理体系标准,作者依据 GB/T 24001—2016 idt ISO 14001:2015《环境管理体系 要求及使用指南》标准,编写了《2015 版环境管理体系标准理解与应用》,主要受众群体是生产和提供各种类型产品和服务的组织或企业,以及内部审核员和审核员。

本书包括概论、术语定义、标准理解与应用、环境管理体系审核,以及附录部分的环境管理体系审核思路等。

本书在对标准条款讲解的基础上,结合组织或企业的应用需求,给出了相应的过程和主要活动框架,以及需要证实用的表单格式,同时在前三章节后均附有相关内容的练习题,以便能够使相关人员通过练习的方式加深对标准的理解和应用。

在本书编写过程中,作者从满足组织和内、外部审核员准确理解国际环境管理体系标准要求和应用的实际需要出发,理论结合实际,通过大量实践案例,通俗易懂地介绍了与环境管理体系有关的知识,以及相关的应用知识。本教程也可作为理工科大学质量管理专业的教学参考用书。

本书编写过程中得到有关单位和专家的大力支持和热情帮助,舒保平、高燕和王春英等老师也提出很多积极的建议,在此,谨向上述单位和为本书编写提供帮助的老师表示衷心感谢。限于时间和作者的水平,有不当或错误之处,恳请广大读者批评指正。有关建议和需求的相关信息请发至 bjkerui@163.com,以便再版时修改。

作　者
2016 年 11 月于北京

目　　录

第一章　概　论

第一节　中国的环境状况

21世纪以来,随着科技进步和社会生产力的极大提高,人类创造了前所未有的物质财富,加速推进了文明发展的进程。与此同时,人口剧增、资源过度消耗、环境污染、生态破坏和南北差距扩大等日益突出,成为全球性的重大问题,严重地阻碍着经济的发展和人民生活质量的提高,继而威胁着全人类的未来生存和发展。

中国目前的环境状况:

1. 2015年,全国338个地级以上城市中,有73个城市环境空气质量达标,占21.6%;265个城市环境空气质量超标,占78.4%。338个地级以上城市平均达标天数比例为76.7%;平均超标天数比例为23.3%,其中轻度污染天数比例为15.9%,中度污染为4.2%,重度污染为2.5%,严重污染为0.7%。

超标天数中以细颗粒物(PM2.5)、臭氧(O_3)和可吸入颗粒物(PM10)为首要污染物的居多,分别占超标天数的66.8%、16.9%和15.0%;以二氧化氮(NO_2)、二氧化硫(SO_2)和一氧化碳(CO)为首要污染物的天数分别占0.5%、0.5%和0.3%。

2. 2015年,480个监测降水的城市(区、县)中,酸雨频率平均值为14.0%。出现酸雨的城市比例为40.4%,酸雨频率在25%以上的城市比例为20.8%,酸雨频率在50%以上的城市比例为12.7%,酸雨频率在75%以上的城市比例为5.0%。

3. 2015年,全国31个省(区、市)202个地市级行政区的5 118个监测井(点)中水质呈优良、良好、较好、较差和极差级的监测井(点)比例分别为9.1%、25.0%、4.6%、42.5%和18.8%。

超标指标主要包括总硬度、溶解性总固体、pH值、化学需氧量(COD)、"三氮"(亚硝酸盐氮、硝酸盐氮和铵氮)、氯离子、硫酸盐、氟化物、锰、砷、铁等,个别水质监测点存在铅、六价铬、镉等重(类)金属超标现象。

4. 全国967个地表水国控断面(点位)开展了水质监测,Ⅰ～Ⅲ类、Ⅳ～Ⅴ类和劣Ⅴ类水质断面分别占64.5%、26.7%和8.8%。

5. 第五次全国荒漠化和沙化监测结果显示,截至2014年,全国荒漠化土地面积261.16万平方千米,沙化土地面积172.12万平方千米。

6. 2015年,化学需氧量排放总量为2 223.5万吨,二氧化硫排放总量为1 859.1万吨。

7. 2015年,全国一次能源消费总量为43.0亿吨标准煤,比2014年增长0.9%,"十二五"年均增长3.6%。

第二节　环境管理标准修订背景

社会的进步与发展必须坚持可持续发展的战略。可持续发展是既满足当代人的需求,又不对后代人满足其需求的能力构成危害的发展。

可持续发展可总结为三个特征:环境与生态持续、经济持续和社会持续。它们之间相互关联而不可分割,环境与生态持续是基础,经济持续是条件,社会持续是目的。

　　为了既满足当代人的需求,又不损害后代人满足其需求的能力,必须实现环境、社会和经济三者之间的平衡。通过平衡这"三大支柱"的可持续性,以实现可持续发展目标。

　　随着法律法规的日趋严格,以及因污染、资源的低效使用、废物管理不当、气候变化、生态系统退化、生物多样性减少等给环境造成的压力不断增大,社会对可持续发展、透明度和责任的期望值已发生了变化。

　　因此,各组织通过实施环境管理体系,采用系统的方法进行环境管理,以期为"环境支柱"的可持续性做出贡献。

　　环境、社会和经济之间互为作用,相互影响,社会的发展不能以牺牲生态环境为代价,经济的增长不能破坏生态环境。环境、社会和经济的发展需要同步,需要平衡。

第三节　环境管理体系的目的

　　ISO 14001 环境管理体系标准旨在为各组织提供框架,以保护环境,响应变化的环境状况,同时与社会经济需求保持平衡。

　　ISO 14001 环境管理体系标准规定了环境管理体系的要求,包括:

1. 组织所处的环境;
2. 领导作用;
3. 策划;
4. 支持;
5. 运行;
6. 绩效评价;
7. 改进。

ISO 14001 标准能够使组织实现其设定的环境管理体系的预期结果。

　　环境管理的系统方法可向最高管理者提供信息,通过下列途径以获得长期成功,并为促进可持续发展创建可选方案:

——预防或减轻不利环境影响以保护环境;

——减轻环境状况对组织的潜在不利影响;

——帮助组织履行合规义务;

——提升环境绩效;

——采用生命周期观点,控制或影响组织的产品和服务的设计、制造、交付、消费和处置等的方式,能够防止环境影响被无意地转移到生命周期的其他阶段;

——实施环境友好的、且可巩固组织市场地位的可选方案,以获得财务和运营收益;

——与有关的相关方沟通环境信息。

ISO 14001 标准不拟增加或改变组织的法律法规要求。

　　在环境管理体系中采用生命周期观点,需要组织主动控制产品(或服务)系统中前后衔接的一系列阶段,从自然界或从自然资源中获取原材料,直至最终处置过程中的环境因素。在这个过程中,组织可能对其环境因素从能够控制逐步向能够施加环境影响的方向过渡,对环境影响的影响力也可能因供应链的延长而逐渐衰弱,直至趋于零。

　　对任一组织而言,采用生命周期观点,需要考虑通过制定措施实施对重要环境因素及相关过程进行控制,其控制的重要过程和活动可能包括其产品和服务的设计和开发过程,这个过程不仅影响到组织的上游的过程和活动,也影响到组织的下游的过程和活动。组织可以通过产品和服务的设计和开发过程,向组织的上游和下游的过程和活动施加环境影响,当然,组织也不排除对其内部的生产和服务提供过程中所产生的环境因素实施必要的控制,使之符合组织的合规性义务。

ISO 14001 标准所包含的要求需要从系统或整体的角度进行考虑。标准的使用者不应当脱离其他条款孤立地阅读其标准所规定的特定句子或条款,而应在应用标准过程中统筹考虑标准条款的要求。因为某些条款中的要求与其他条款中的要求之间存在着相互联系。例如:组织需要理解其环境方针中的承诺与其他条款规定的要求之间的联系,包括环境目标、实施环境目标的过程或措施,以及他们与环境方针之间的关系。

对变更的管理是组织保持环境管理体系,以确保能够持续实现其环境管理体系预期结果的一个重要组成部分。

ISO 14001 标准诸多要求中均提出对变更的管理,包括:

——保持环境管理体系(见 ISO 14001 标准 4.4 条款);

——环境因素(见 ISO 14001 标准 6.1.2 条款);

——内部信息交流(见 ISO 14001 标准 7.4.2 条款);

——运行控制(见 ISO 14001 标准 8.1 条款);

——内部审核方案(见 ISO 14001 标准 9.2.2 条款);

——管理评审(见 ISO 14001 标准 9.3 条款)。

作为变更管理的一部分,组织应当提出计划内与计划外的变更,以确保这些变更的非预期结果不对环境管理体系的预期结果产生负面影响。

变更包括以下示例:

——计划的对产品、过程、运行、设备或设施的变更;

——员工或外部供方(包括合同方)的变更;

——与环境因素、环境影响和相关技术有关的新信息;

——合规义务的变更。

任何变更,不管是预期的计划内的变更,还是非预期的计划外的变更,都可能产生新的环境因素,尤其是非预期的计划外变更所产生的环境因素需要组织重点予以关注和控制,以确保这些变更的非预期结果不对环境管理体系的预期结果产生负面影响。

第四节　成　功　因　素

环境管理体系的成功实施取决于最高管理者领导下的组织各层次和职能的承诺。组织的最高管理者是环境管理体系的第一责任人,其他管理者是所负责或管辖区域内的环境管理体系的第一责任人,他们的率先垂范作用可能对组织的环境管理体系的有效性和绩效起到至关重要的影响作用。

组织可利用机遇,尤其是那些具有战略和竞争意义的机遇,预防或减轻不利的环境影响,增强有益的环境影响。

机遇来自于组织所处的背景环境中可能对组织产生影响的条件或因素的“变化”。组织应关注所有的“变化”,尤其是法规和政策等合规义务要求的变化,以及环保设备和技术的变化。顺应“变化”,并积极引进新的环保设备和技术,可以使组织有效和高效预防或减轻不利的环境影响,增强有益的环境影响。

在建立、实施、保持和改进环境管理体系过程中,应避免“两张皮”的情况,要将 ISO 14001 标准作为组织改善环境管理体系,提升环境管理绩效和有效性的一个工具,而不是编制出一套文件和记录提供给外部机构或审核员审阅的“档案”资料。

通过将环境管理融入或镶嵌到组织的业务过程、战略方向和决策制定过程,与其他业务的优先项相协调,并将环境管理纳入组织的整体管理体系中,最高管理者就能够有效地应对其风险和机遇,提升环境管理体系运行的有效性和效率。

组织只有成功实施 ISO 14001 标准才可使相关方确信组织已建立了有效的环境管理体系。

不同的组织在导入 ISO 14001 标准过程中,因其组织所处的环境不同,人员素质和能力的差异,所获得的成效也是不同的,因此,采用 ISO 14001 标准本身并不保证其组织能够获得最佳环境结果。ISO 14001 标准的应用可能因组织所处环境的不同而存在差异。两个组织可能从事类似的活动,但是可能拥有不同的合规义务、环境方针承诺,使用不同的环境技术,并有不同的环境绩效目标,然而它们均可能满足 ISO 14001 标准的要求。

环境管理体系的详略和复杂程度将取决于组织所处的环境、其环境管理体系的范围、其合规义务,以及其活动、产品和服务的性质和繁杂程度,包括其环境因素和相关的环境影响,同时,也取决于在组织控制下工作的人员的能力。

第五节　策划—实施—检查—改进模式

构成环境管理体系的方法是基于策划、实施、检查与改进(PDCA)的概念。

PDCA 模式为组织提供了一个循环渐进的过程,用以实现持续改进。该模式可应用于环境管理体系及其每个单独的要素。

PDCA 模式可简述如下:

——策划:建立所需的环境目标和过程,以实现与组织的环境方针相一致的结果;

——实施:实施所策划的过程;

——检查:根据环境方针(包括其承诺)、环境目标和运行准则,对过程进行监视和测量,并报告结果;

——改进:采取措施以持续改进。

图 1-5-1 展示了 ISO 14001 标准采用的结构如何融入 PDCA 模式,它能够帮助新的和现有的使用者理解系统方法的重要性。

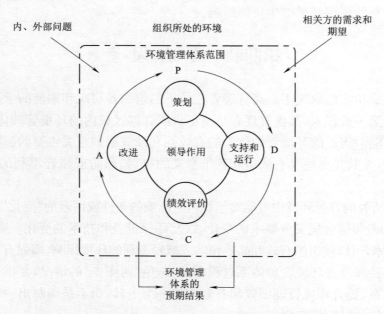

图 1-5-1　PDCA 与 ISO 14001 标准结构之间的关系

从图 1-5-1 中,我们可以看出在领导作用力的支配下,策划、支持和运行、绩效评价和改进构成了环境管理体系的主要过程,组织所处的环境中的内、外部问题和相关方的需求和期望形成了组织环境管理体系的输入,其输出是环境管理体的预期结果,包括提升环境绩效、履行合规义务结果,以及环境目标的达成。

第六节　ISO 14001 标准内容

ISO 14001 标准符合国际标准化组织(ISO)对管理体系标准的要求。这些要求包括一个高层结构,相同的核心正文,以及具有核心定义的通用术语,目的是方便使用者实施多个 ISO 管理体系标准。

ISO 14001 标准不包含针对其他管理体系的要求,例如:质量、职业健康安全,能源或财务管理。然而,ISO 14001 标准使组织能够运用共同的方法和基于风险的思想,将其环境管理体系与其他管理体系的要求进行整合。

ISO 14001 标准包括了评价符合性所需的要求。任何有愿望的组织均可能通过以下任一方式证实与 ISO 14001 标准的符合:

——进行自我评价和自我声明;

——寻求组织的相关方(如顾客),对其符合性进行确认;

——寻求组织的外部机构对其自我声明的确认;

——寻求外部组织对其环境管理体系进行认证或注册。

ISO 14001 标准附录 A 提供了解释性信息以防止对其标准要求的错误理解。

ISO 14001 标准附录 B 显示了 ISO 14001 标准现行版本与以往版本之间完整的技术对照。有关环境管理体系的实施指南包含在 ISO 14004 中。

ISO 14001 标准使用以下助动词:

——"应(shall)"表示要求;

——"应当(should)"表示建议;

——"可以(may)"表示允许;

——"可、可能、能够(can)"表示可能性或能力。

标记"注"的信息旨在帮助相关组织和人员理解或使用 ISO 14001 标准。该标准第 3 章使用的"注"提供了关于补充术语信息的附加信息,可能包括使用术语的相关规定。

ISO 14001 标准第 3 章中的术语和定义按照概念顺序进行编排,其文件最后还给出了按字母顺序的索引。

第七节　环境管理体系范围

ISO 14001 标准规定了组织能够用来提升其环境绩效的环境管理体系要求。ISO 14001 标准可供寻求以系统的方式管理其环境责任的组织使用,从而为"环境支柱"的可持续发展做出贡献。

ISO 14001 标准可帮助组织实现其环境管理体系的预期结果,这些结果将为环境、组织自身和相关方带来价值。与组织的环境方针保持一致的环境管理体系预期结果包括:

——提升环境绩效;

——履行合规义务;

——实现环境目标。

ISO 14001标准适用于任何规模、类型和性质的组织,并适用于组织基于生命周期观点确定的其能够控制或能够施加影响的活动、产品和服务的环境因素。ISO 14001标准未提出具体的环境绩效准则。

ISO 14001标准能够全部或部分地用于系统地改进环境管理。但是,只有ISO 14001标准的所有要求都被包含在了组织的环境管理体系中且全部得以满足,组织才能对外声明符合ISO 14001标准。

复习思考题

一、判 断 题

1. 环境、社会和经济三者之间的平衡是可持续发展的前提条件。　　　　　　　　　（　　）
2. 环境状况的变化,导致社会对可持续发展、透明度和责任的期望值的变化。　　　（　　）
3. ISO 14001标准旨在为各组织提供框架,以保护环境,响应变化的环境状况,同时与社会经济需求保持平衡。　　　　　　　　　　　　　　　　　　　　　　　　　　　　　　　　（　　）
4. ISO 14001标准规定了环境管理体系的要求,使组织能够实现其设定的环境管理体系的预期结果。　　　　　　　　　　　　　　　　　　　　　　　　　　　　　　　　　　　　　（　　）
5. 环境管理的系统方法可预防或减轻不利环境影响以保护环境。　　　　　　　　　（　　）
6. ISO 14001标准增加或改变了组织所适用的法律法规要求。　　　　　　　　　　（　　）
7. 对变更的管理是组织保持环境管理体系,以确保能够持续实现其环境管理体系预期结果的一个重要组成部分。　　　　　　　　　　　　　　　　　　　　　　　　　　　　　　　　　（　　）
8. 组织需对变更进行控制,因为变更一定产生新的环境因素。　　　　　　　　　　（　　）
9. 环境管理体系的成功实施取决于最高管理者领导下的组织各层次和职能承诺。　　（　　）
10. 采用ISO 14001标准可以确保组织能够获得最佳环境结果。　　　　　　　　　　（　　）
11. 构成环境管理体系的方法是基于策划、实施、检查与改进(PDCA)的概念。　　　（　　）
12. ISO 14001标准符合国际标准化组织对管理体系标准的通用要求。这些要求包括一个高层结构,相同的核心正文,以及具有核心定义的通用术语,目的是方便使用者实施多个ISO管理体系标准。

（　　）

二、单 选 题

1. 为了既满足当代人的需求,又不损害后代人满足其需求的能力,必须实现(　　)三者之间的平衡。

　　A. 环境、组织和社会　　　　　　　　　　　　B. 环境、社会和经济
　　C. 环境、组织和经济　　　　　　　　　　　　D. A+B+C

2. 随着法律法规的日趋严格和环境状况的改变等给环境造成的压力不断增大,社会对(　　)的期望值已发生了变化。

　　A. 可持续发展　　　　　　　　　　　　　　　B. 透明度
　　C. 责任　　　　　　　　　　　　　　　　　　D. A+B+C

3. 通过将环境管理融入组织的(　　)过程,与其他业务的优先项相协调,并将环境管理纳入组织的整体管理体系中,最高管理者就能够有效地应对其风险和机遇。

　　A. 业务过程　　　　　　　　　　　　　　　　B. 战略方向
　　C. 决策制定　　　　　　　　　　　　　　　　D. A+B+C

4. 两个组织可能从事类似的活动,但是可能拥有不同的(　　),并有不同的环境绩效目标,然而它

们均可能满足 ISO 14001 标准的要求。

    A. 合规义务   B. 环境方针承诺

    C. 环境技术   D. A＋B＋C

    5. 组织所处的环境,包括内外部问题、相关方的需求和期望构成了环境管理体系的输入,其输出为(　　)。

    A. 环境绩效   B. 合规性义务的履行

    C. 环境目标的实现   D. 环境管理体系的预期结果

    6. 环境管理体系标准可帮助组织实现其环境管理体系的预期结果,这些结果将为(　　)带来价值。

    A. 环境   B. 组织

    C. 相关方   D. A＋B＋C

    7. 与组织的环境方针保持一致的环境管理体系预期结果包括(　　)。

    A. 提升环境绩效   B. 履行合规义务

    C. 实现环境目标   D. A＋B＋C

    8. ISO 14001 标准适用于组织基于生命周期观点确定的其活动、产品和服务中(　　)的环境因素。

    A. 能够控制   B. 能够施加影响

    C. A＋B   D. 设计和开发

三、多 选 题

    1. 随着法律法规的日趋严格和环境状况的改变等给环境造成的压力不断增大,社会对(　　)的期望值已发生了变化。

    A. 可持续发展   B. 透明度

    C. 责任   D. 组织

    2. 采用生命周期观点,控制或影响组织的产品和服务的(　　)等的方式,能够防止环境影响被无意地转移到生命周期的其他阶段。

    A. 设计   B. 制造

    C. 包装、交付和运输   D. 消费和处置

    3. 两个组织可能从事类似的活动,但是可能拥有不同的(　　),并有不同的环境绩效目标,然而它们均可能满足本标准的要求。

    A. 合规义务   B. 环境方针

    C. 使用不同的环境技术   D. 环境资源

    4. 环境管理体系标准可帮助组织实现其环境管理体系的预期结果,这些结果将为(　　)带来价值。

    A. 环境   B. 组织自身

    C. 相关方   D. 自然

    5. 与组织的环境方针保持一致的环境管理体系预期结果包括(　　)。

    A. 提升环境绩效   B. 履行合规义务

    C. 消除环境因素   D. 应对风险和机遇

第二章 术语和定义部分

第一节 与组织和领导作用有关的术语

一、管理体系

1. 术语定义

> 组织用于建立方针、目标以及实现这些目标的过程的相互关联或相互作用的一组要素。
>
> 注1：一个管理体系可关注一个领域或多个领域（例如：质量、环境、职业健康和安全、能源、财务管理）。
>
> 注2：体系要素包括组织的结构、角色和职责、策划和运行、绩效评价和改进。
>
> 注3：管理体系的范围可能包括整个组织、其特定的职能、其特定的部门、或跨组织的一个或多个职能。

2. 术语释义

体系是由一组要素组成的。作为管理体系的特定作用就是确定其管理方针和目标，进而确定实现目标的过程所需的一系列相互关联或相互作用的要素。通常情况下，体系要素包括组织的结构、角色和职责、策划和运行、绩效评价和改进等。

客观上讲，每个组织均固有或只有一个管理体系。因此，组织可以将诸多对管理体系的要求纳入其中，可以将质量管理体系要求、环境管理体系要求、职业健康安全管理体系要求，以及能源管理体系要求、信息安全管理体系要求、财务管理体系要求等纳入组织的管理体系之中。

管理体系与范围有关。管理体系的范围可能包括整个组织、或其特定的职能、或其特定的部门、或跨组织的一个或多个职能。

二、环境管理体系

1. 术语定义

> 管理体系的一部分，用来管理环境因素、履行合规义务，并应对风险和机遇。

2. 术语释义

环境管理体系是用来管理环境因素、履行合规义务，并应对与其环境因素和合规义务有关的风险和机遇的管理体系，是组织管理体系的组成部分。

三、环境方针

1. 术语定义

> 由最高管理者就环境绩效正式表述的组织的意图和方向。

2. 术语释义

方针是由最高管理者正式表述和发布的组织的宗旨和方向。环境方针是由最高管理者就组织的环境绩效渴望达成的目的所正式表述的组织的意图和方向。

环境方针应适合于组织的宗旨和组织所处的环境,包括其活动、产品和服务的性质、规模和环境影响。

不同的组织,因为其组织所处的背景环境不同,可能需要不同的环境方针进行指引。

环境方针是一组承诺或原则的集合,包括:

(1)保护环境的承诺,其中包含污染预防及其他与组织所处环境有关的特定承诺。保护环境的其他特定承诺可包括资源的可持续利用、减缓和适应气候变化、保护生物多样性和生态系统。

(2)履行其合规义务的承诺。

(3)持续改进环境管理体系以提高环境绩效的承诺。

环境方针应是一组有边界的,且与其组织宗旨保持一致的方向性的框架要求所组成,这组要求能够为组织制定环境目标提供框架,并可将其视为环境目标的标杆。

四、组　　织

1. 术语定义

> 为实现目标,由职责、权限和相互关系构成自身职能的一个人或一组人。
>
> 注1:组织包括但不限于个体经营者、公司、集团公司、商行、企事业单位、政府机构、合股经营的公司、公益机构、社团、或上述单位中的一部分或其结合体,无论其是否具有法人资格、公营或私营。

2. 术语释义

组织通常是一个群体或个人。这个群体或个人之所以被称为组织,是因为其具有特定的存在目的或组织目标。组织通过所构建的管理架构和岗位,并赋予其职责和权限来实现其确定的目标。

组织包括但不限于个体经营者、公司、集团公司、商行、企事业单位、政府机构、合股经营的公司、公益机构、社团、或上述单位中的一部分或其结合体,无论其是否具有法人资格、公营或私营。

五、最高管理者

1. 术语定义

> 在最高层指挥并控制组织的一个人或一组人。
>
> 注1:最高管理者有权在组织内部授权并提供资源。
>
> 注2:若管理体系的范围仅涵盖组织的一部分,则最高管理者是指那些指挥并控制组织该部分的人员。

2. 术语释义

组织是一个群体。拥有对这个群体的绝对控制权和指挥权的一个人或一组人就是组织的最高管理者。作为最高管理者有权在组织内部授权并提供资源。诸如组织的法定代表人、董事长、总经理、厂长等。若管理体系的范围仅涵盖组织的一部分,则最高管理者是指那些指挥并控制组织该部分的人员。诸如分公司的经理或负责人等。

六、相 关 方

1. 术语定义

> 能够影响决策或活动、受决策或活动影响,或感觉自身受到决策或活动影响的个人或组织。
>
> 示例:相关方可包括顾客、社区、供方、监管部门、非政府组织、投资方和员工。
>
> 注1:"感觉自身受到影响"意指已使组织知晓这种感觉。

2. 术语释义

相关方是指与组织的决策或活动有关联的个人或组织,他们能够影响组织的决策或活动,如组织的顾客、上级或董事会或监管机构。他们也可能受到组织的决策或活动所影响,如组织的外部供方和顾客,以及社会等,或者感觉自身受到组织的决策或活动所影响,诸如社区和周边居民等,并通过适当的途径和方式,将其所认为的影响的感觉告知组织。

第二节　与策划有关的术语

一、环　　境

1. 术语定义

> 组织运行活动的外部存在,包括空气、水、土地、自然资源、植物、动物、人,以及它们之间的相互关系。
>
> 注1:外部存在可能从组织内延伸到当地、区域和全球系统。
>
> 注2:外部存在可能用生物多样性、生态系统、气候或其他特征来描述。

2. 术语释义

环境是指组织所界定的环境管理体系物理边界之外的部分,包括空气、水、土地、自然资源、植物、动物、人,以及它们之间的相互关系。

组织所界定的环境管理体系的物理边界的外部环境不能排除组织所处的地表面之下的土壤和水体,也不能排除其所处的空间。

组织运行活动的外部存在可能从组织内延伸到组织所在的周边、区域,甚至是全球系统。其外部存在有时用生物多样性、生态系统、气候或其他特征来描述。

生物多样性是指一定范围内多种多样活的有机体(动物、植物、微生物)有规律地结合所构成稳定的生态综合体。

生态系统是指在自然界的一定的空间内,生物与环境构成的统一整体,在这个统一整体中,生物与环境之间相互影响、相互制约,并在一定时期内处于相对稳定的动态平衡状态。

气候是大气物理特征的长期平均状态。气候以冷、暖、干、湿这些特征来衡量,通常由某一时期的平均值和离差值表征。

二、环境因素

1. 术语定义

> 一个组织的活动、产品和服务中与或能与环境发生相互作用的要素。
>
> 注1:一项环境因素可能产生一种或多种环境影响。重要环境因素是指具有或能够产生一种或

多种重大环境影响的环境因素。

　　注 2:重要环境因素是由组织运用一个或多个准则确定的。

2. 术语释义

　　环境因素是指一个组织中的活动、产品和服务中与或能与环境发生相互作用的要素。换句话说就是一个组织中的活动、产品和服务中的某些因素可能导致组织外部存在发生变化,或者与组织外部存在的空气、水体、土壤、资源、生态系统、气候等存有关联关系并已或可能对其产生相关影响,我们把这种由于组织的活动、产品和服务中存在的类似要素称之为环境因素。

　　一项环境因素可能会产生一种或多种环境影响,诸如固体废弃物的排放既可能污染水体,也可能污染土壤,其散发出的恶臭还可能污染空气。

　　重要环境因素是指具有或能够产生一种或多种重大环境影响的环境因素,它是由组织运用一个或多个准则确定的。在组织中,可能存在这样的情况,用某种环境因素的评价准则进行评价,可能属于一般环境因素,但使用另外的环境因素评价准则,则可能构成重要环境因素,如合规性义务的要求或相关方的需求和期望。

　　重要环境因素与一般环境因素是个相对的概念,重要环境因素应是组织当期需要重点控制的或依合规义务需要消除或减少其环境影响的环境因素。

三、环境状况

1. 术语定义

　　在某个特定时间点确定的环境的状态或特征。

2. 术语释义

　　环境状况通常是指某一个特定的时间周期或时间点内,某一区域、地域或全球的环境的状态或特征。环境状态一是与时间点有关,二是与特定的区域、地域或全球系统有关,其具体的状态或特征通常是通过测量和观察获知的,例如,2014 年,我国化学需氧量排放总量为 2 294.6 万吨。

四、环境影响

1. 术语定义

　　全部或部分地由组织的环境因素给环境造成的不利或有益的变化。

2. 术语释义

　　环境因素作用于组织的外部存在时,可能全部或部分地导致其外部环境发生不利或有益的变化,由于这种变化来自于组织的环境因素的影响,称之为环境影响。

五、目　标

1. 术语定义

　　要实现的结果。

　　注 1:目标可能是战略性的、战术性的或运行层面的。

　　注 2:目标可能涉及不同的领域(例如:财务、健康与安全以及环境的目标),并能够应用于不同层面(例如:战略性的、组织层面的、项目、产品、服务和过程)。

注3：目标可能以其他方式表达，例如：预期结果、目的、运行准则、环境目标，或使用其他意思相近的词语，例如：指标等表达。

2. 术语释义

目标是指经过努力可能达成的特定目的或结果。特定的目的或结果应该是可比较或可衡量的。目标可能是战略性的、战术性的或运行层面的。对组织而言，通常包含组织层面的目标、运行管理层面的目标，以及执行或操作层面的目标。通过设定特定的产品或服务的目标，作为改进或创新的方向。目标也是衡量过程绩效和有效性的一种手段或措施。组织可通过设定过程的先行指标和滞后指标，来控制过程的效率和有效性。

目标的实现可能受到环境条件的制约，因此，在实现相关职能，层次和过程目标的过程中，首先应识别所有影响目标达成的因素，制定对策或措施，逐一解决，并最终实现期望的结果。

目标可能以其他方式表达，例如，预期结果、目的、运行准则、环境目标，或使用其他意思相近的词语（如指标等）。

组织在设定目标时应符合 SMART 原则：明确的（specific）、可测量的（measurable）、行动导向的（action-oriented）、可实现的（realistic）、有时间表的（time-related）。

六、环境目标

1. 术语定义

组织依据其环境方针建立的目标。

2. 术语释义

目标是指可能实现或达成的目的或结果。环境目标是指组织在环境方针确定的框架下所建立和确定的一组目标。环境目标应与环境方针保持一致，应从属于环境方针所确定的环境目标的框架，而不宜跨越框架的边界去建立一组可能已经背离环境方针的所谓"环境目标"。

组织在制定环境目标过程中，通常需要考虑重要环境因素及相关的合规义务，并考虑其风险和机遇。

七、污染预防

1. 术语定义

为了降低有害的环境影响而采取（或综合采用）过程、惯例、技术、材料、产品、服务或能源以避免、减少或控制任何类型的污染物或废物的产生、排放或废弃。

注1：污染预防可包括源消减或消除，过程、产品或服务的更改，资源的有效利用，材料或能源替代，再利用、回收、再循环、再生或处理。

2. 术语释义

环境污染是指人类直接或间接地向自然环境排放超过其自净能力的物质或能量，从而使自然环境的质量降低，对人类的生存与发展、生态系统和财产造成不利影响的事件，包括水污染、土壤污染、大气污染、噪声污染、放射性污染等。

水污染是指水体因某种物质的介入，而导致其化学、物理、生物或者放射性污染等方面特性的改变，从而影响水的有效利用，危害人体健康或者破坏生态环境，造成水质恶化的事件。

土壤污染是指当土壤中含有过多的有害物质，超过其土壤的自净能力，导致土壤的组成、结构和功能发生变化,或导致微生物活动受到抑制,从而使有害物质或其分解产物在土壤中逐渐积累,然后通过"土壤→植物→人体",或通过"土壤→水→人体"间接被人体所吸收达到危害人体的程度。

大气污染是指空气中污染物的浓度达到有害程度,以致破坏生态系统和人类正常生存和发展的条件,对人和生物造成危害的事件。

噪声污染是指所产生的环境噪声超过国家规定的环境噪声排放标准,并干扰他人正常工作、学习、生活的事件。

放射性污染是指由于人类活动造成物料、人体、场所、环境介质表面或者内部出现超过国家标准的放射性物质或者射线的事件。

污染预防就是避免环境污染事件的发生,或为了降低不利的环境影响而采取(或综合采用)过程、惯例、技术、材料、产品、服务或能源以避免、减少或控制任何类型的污染物或废物的产生、排放或废弃。其预防污染的方法通常包括源消减或消除,过程、产品或服务的更改,资源的有效利用,材料或能源替代,再利用、回收、再循环、再生或处理。

八、要　　求

1. 术语定义

> 明示的、通常隐含的或必须满足的需求或期望。
>
> 注1:"通常隐含的"是指对组织和相关方而言是惯例或一般做法,所考虑的需求或期望是不言而喻的。
>
> 注2:规定要求指明示的要求,例如:文件化信息中规定的要求。
>
> 注3:法律法规要求以外的要求一经组织决定遵守即成为了义务。

2. 术语释义

要求包含了三个方面的需求和期望,即"明示的"、"通常隐含的"、"必须满足的"。

"明示的"需求和期望,通常可能通过口头、形成文件化信息或其他明确的方式表达,诸如在供应商手册、合同或协议中明确规定的需求和期望。

"隐含的"需求和期望,通常是组织和相关方习惯做法,或是一种惯例或潜规则,一般是不言而喻的需求和期望。组织和相关方这种"隐含的"需求和期望在很多情况下是不需要言明的,例如春节临近,很多在外求学的学子和很多身在异乡的游子们均想方设法赶回家乡与亲人团聚,这就是一种习俗的不言而喻的力量在驱使着人们。

"必须满足的"的需求和期望,通常是指组织和相关方需要遵守的法律、法规、规章和规范等强制性规定。

"需求或期望"是"要求"的内涵。"需求"包含组织或个人基本的要求,"期望"包含组织或个人所期待的一种欲望或期盼。

特定要求可使用限定词表示,如:污染预防要求、环境管理要求、顾客要求、环境绩效要求。

要求通常由顾客确定,或由组织识别或预测顾客的要求确定,或由相关方或法规规定。某些特定的需求和期望可能超越"明示的"、"通常隐含的"、"必须满足的"范畴。

组织为实现较高的相关方满意,可能有必要识别、确定和满足那些相关方既没有明示,也不是通常隐含或必须满足的期望。

法律法规要求以外的要求一经组织决定遵守即成为了义务。

九、合规义务[首选术语]

法律法规和其他要求[许用术语]

1. 术语定义

组织必须遵守的法律法规要求,以及组织必须遵守或选择遵守的其他要求。

注1:合规义务是与环境管理体系相关的。

注2:合规义务可能来自于强制性要求,例如:适用的法律和法规,或来自于自愿性承诺,例如:组织的和行业的标准、合同规定、操作规程、与社团或非政府组织间的协议。

2. 术语释义

合规义务通常来自于与组织环境管理体系以及其环境因素相关的法律和法规的要求,或政府监管机构的要求,以及组织必须遵守或选择遵守的其他要求,诸如组织的和行业的标准、合同规定、操作规程、与社团或非政府组织间的协议。

十、风 险

1. 术语定义

不确定性的影响。

注1:影响指对预期的偏离——正面的或负面的。

注2:不确定性是一种状态,是指对某一事件、其后果或其发生的可能性缺乏(包括部分缺乏)信息、理解或知识。

注3:通常用潜在"事件"(见 GB/T 23694—2013 中的 4.5.1.3)和"后果"(见 GB/T 23694—2013 中的 4.6.1.3),或两者的结合来描述风险的特性。

注4:风险通常以事件后果(包括环境的变化)与相关的事件发生的"可能性"(见 GB/T 23694—2013 中的 4.6.1.1)的组合来表示。

2. 术语释义

风险是指不确定性(对目标)的影响。不确定性是指:对事件、其后果或可能性的认识或了解方面的信息的缺乏或不完整的状态。

所有类型和规模的组织都面临内部和外部的、使组织不能确定是否及何时实现其目标的因素和影响。这种不确定性所具有的对组织目标的影响就是"风险"。

组织的所有活动都涉及风险。组织通过识别、分析和评价是否运用风险处理修正风险以满足它们的风险准则,来管理风险。

组织通过具有前瞻性的、充分地考虑各类风险的不确定性及其对目标的影响,制定行之有效地应对措施,为组织在运营和决策中有效应对各类突发事件和风险提供支持和保障,以使组织能有效地配置资源、优化过程,及时、恰当、有效地应对风险,提高风险应对的效率和效果,同时应监督和评审风险,更好地管理风险以实现组织改善环境绩效的目标。风险的影响可能是积极的,也可能是消极的,组织应特别关注风险的消极方面。

十一、风险和机遇

1. 术语定义

潜在的有害影响(威胁)和潜在的有益影响(机会)。

2. 术语释义

习惯上,风险通常与威胁有关,而机遇通常与机会有关。因此,在许多情况下,把潜在的有害或不利影响理解为风险,把潜在的有益影响理解为机遇。

第三节　与支持和运行有关的术语

一、能　　力

1. 术语定义

> 运用知识和技能实现预期结果的本领。

2. 术语释义

能力是一种本领。这种本领包括了两个方面:首先是拥有所需的知识和技能,其次是应用所拥有的知识和技能去完成策划的活动,并能够实现预期结果。

没有知识和技能,就谈不上应用。可是有了知识和技能,并不等于就能应用了。所以,要了解一个人是否具备某种能力,首先要看他是否具备某种知识,通常可通过考试来确定。其次,是看是否能应用这种知识来解决实际问题,这方面仅通过考试是难以做出准确判断的。只有通过观察他应用知识和技能解决问题的过程和结果,才能做出相对准确的判断和结论。

作为环境管理体系审核员或内审员应掌握环境管理的相关知识和技能及其方法、技术、过程和实践的应用,包括:

——环境术语;

——环境指标和统计;

——测量科学和监测技术;

——生态系统和生物多样性的相互作用;

——环境介质(例如空气、水、土地、动物、植物);

——确定风险的技术(例如环境因素和(或)影响评价,包括评价重要性的方法);

——生命周期评价;

——环境绩效评价;

——污染预防和控制(例如现有最好的污染控制或能效技术);

——源头削减、废弃物最少化、重新使用、回收和处理实践以及过程;

——有害物质的使用;

——温室气体排放和管理;

——自然资源管理(例如化石燃料、水、植物和动物、土地);

——环境设计;

——环境报告和披露;

——产品延伸责任;

——可再生和低碳技术等。

二、文件化信息

1. 术语定义

> 组织需要控制并保持的信息,以及承载信息的载体。
>
> 注1:文件化信息可能以任何形式和承载载体存在,并可能来自任何来源。

注 2：文件化信息可能涉及：

——环境管理体系，包括相关过程；

——为组织运行而创建的信息（可能被称为文件）；

——实现结果的证据（可能被称为记录）。

2. 术语释义

文件化信息具有两个基本元素，一是信息，二是载体。文件化信息包括：其一，管理体系，包括相关过程；其二，组织需要控制的信息及其载体，主要包括指导管理体系，包括相关过程运行的准则或要求；其三，组织需要保持（保留）的信息及其载体，主要包括为管理体系，包括相关过程输出结果提供证实的信息，在很多时候指导管理体系，包括相关过程运行的准则或要求的信息也是一种证实性信息。

三、生命周期

1. 术语定义

产品（或服务）系统中前后衔接的一系列阶段，从自然界或从自然资源中获取原材料，直至最终处置。

注 1：生命周期阶段包括原材料获取、设计、生产、运输和（或）交付、使用、寿命结束后处理和最终处置。

［修订自：GB/T 24044—2008 中的 3.1——"（或服务）"已加入该定义，并增加了"注 1"］

2. 术语释义

产品（或服务）系统中前后衔接的一系列阶段，从自然界或从自然资源中获取原材料，直至最终处置。其产品（或服务）的生命周期阶段包括原材料获取、设计、生产、运输和（或）交付、使用、寿命结束后处理和最终处置。

对于某个具体产品而言，就是从自然中来再回到自然中去的全过程，也就是既包括制造产品所需要的原材料的采集或获取、设计和开发、制造或生产过程，也包括产品贮存、运输等流通过程，还包括产品的使用过程以及产品报废或处置等废弃再回到自然过程，这个过程构成了一个完整的产品的生命周期。

四、外　包

1. 术语定义

安排外部组织承担组织的部分职能或过程。

注 1：尽管外包的职能或过程在管理体系覆盖范围内，但外部组织是处在管理体系覆盖范围之外。

2. 术语释义

外包是指将组织内的部分职能或者过程委托给外部组织承担或实施具体的管理或控制，或由外部组织履行组织内的部分职能和对具体过程或其子过程实施控制的安排。

外部组织处于组织的管理体系覆盖范围之外，但外包职能或过程应在组织的管理体系覆盖范围之内，因此，外包职能或过程的责任应仍由组织承担，尤其是产品和服务的最终责任，以及履行合规性义务的责任。

组织与外部组织的接口通常包括由外部组织提供过程、产品和服务，其中外部组织提供过程和活

动,包括过程的输出,属于外包,例如:

(1)某厂家自己的原材料拿出去镀锌,属于外包,因为镀锌本应该是组织内运行活动中一个工序或过程,但组织把这个过程委托给相关方了,这个相关方就是外包方。

(2)组织提供的自己原材料委托外部组织实施焊接,属于外包。

(3)内审员培训,很多企业把内审员送到外部培训机构进行培训,这也是典型的外包。

(4)计量器具的检定,可以自校,但很多组织委托给有资质的计量所或具有检定资质的企业的计量机构实施计量检定(校准)过程,也属于外包。

(5)有些组织的产品需要包装后销售,包装材料上需要印制企业的标识等信息,因为组织没有印刷设备,因此,把包装材料的制作过程外包给印刷厂,这也是外包。

(6)某企业缺乏专业的人力资源管理人员,而将本企业的人力资源相关管理工作委托一家专业的咨询机构。这就是近年来不断出现的人力资源管理外包。

(7)某服装厂生产能力强,产品质量优,但苦于缺乏覆盖目标市场的销售网络,因此全权委托另一家具有成熟网络和丰富营销经验的的销售公司,实施销售,这就是近年来不断涌现的销售外包。

(8)某系统集成商把自己不专长的软件外包给某软件公司,自己则致力于自己的优势——硬件开发和软硬件集成,这就是我们常说的软件外包。

我们通常是仅仅关注与产品和服务运行过程中与这些过程有直接关系的外包管理,忽略了与环境管理体系所有过程有关的外包过程的活动的管理,如委托第三方认证机构的审核员实施第二方审核或内审等。

外包过程的选择和识别,是组织基于相关背景识别所作出的决定,通常会考虑战略、战术、经济性、便利性、效率、效益等因素。

组织不宜将在其所界定的环境管理体系物理边界内可能导致污染事件发生的过程或活动外包,或即便是外包,也必须按照要求予以控制。

五、过　　程

1. 术语定义

> 将输入转化为输出的一系列相互关联或相互作用的活动。
>
> 注1:过程可形成也可不形成文件。

2. 术语释义

过程是指利用输入实现预期或期望结果的相互关联或相互作用的一组活动。预期或期望的结果可能是产品或服务,或者是对外部环境影响的变化,或者是其他输出,如计划、政策或法规、某个事项、能量、信息、决策、环境绩效等。

过程所输入的内容可能来自与其他一个或多个前端过程的输出,同时,一个过程的输出也可能是其他一个或多个过程的输入。

把相关的过程组合在一起就可能构成组织内实现增值的过程或流程,一个流程通常至少包括两个以上的过程活动。过程可以是独立的单一过程,也可以是若干单一过程的组合。组织内只有在可控条件下有序运行的流程或过程组合才可能实现过程的增值。

活动是过程运行的基础,组织应注意区别过程与活动,避免将活动识别为过程。

过程可形成也可不形成文件,组织可根据其需要确定是否将过程形成文件化信息,如过程流程图。

第四节　与绩效评价和改进有关的术语

一、审　核

1. 术语定义

> 获取审核证据并予以客观评价，以判定审核准则满足程度的系统的、独立的、形成文件的过程。
>
> 注1：内部审核由组织自行实施执行或由外部其他方代表其实施。
>
> 注2：审核可以是结合审核（结合两个或多个领域）。
>
> 注3：审核应由与被审核活动无责任关系、无偏见和无利益冲突的人员进行，以证实其独立性。
>
> 注4："审核证据"包括与审核准则相关且可验证的记录、事实陈述或其他信息；而"审核准则"则是指与审核证据进行比较时作为参照的一组方针、程序或要求，GB/T 19011—2013 中 3.3 和 3.2 中分别对它们进行了定义。

2. 术语释义

（1）审核是为了获得审核证据并对其进行客观的评价，以确定满足审核准则的程度的过程。在审核过程中，审核组通过各种适宜的调查方法收集审核证据，并依据审核准则对审核证据进行客观的评价，形成审核发现，以判断其满足审核准则的程度，从而得出审核的结论。

（2）审核是一个系统的、独立的并形成文件的过程。

①所谓"系统的过程"是指审核是由诸多正式、有序的并与审核事项有关的活动组成。如外部审核由监管机构或提供认证或注册的机构的监管人员或审核员按照合同和审核方案或监管方案进行，内部审核由经组织最高管理者授权的内部审核员按照审核方案和审核计划进行。无论是外部审核，还是内部审核，都是有组织、有计划并按规定的程序所进行的一组相互关联和相互作用的审核活动，因此，审核是系统的过程。

②所谓"独立的过程"是指审核是一项客观、公正的活动，必须以审核准则为依据，尊重事实和证据，不屈服于任何压力，不迁就任何不合理的要求，因此，作为内部审核人员不应审核自己的工作，应由与正在被审核活动无责任关系、无偏见以及无利益冲突的人员进行。

③所谓"形成文件的过程"是指审核方案和审核结果的实施证据均要适当地形成文件，如审核方案、审核计划、检查表、抽样计划、审核记录、不符合报告、审核报告等。

（3）审核的对象可以是质量管理体系、环境管理体系、职业健康安全管理体系、能源管理体系或信息安全管理体系等，根据不同的审核对象，可将审核分为质量管理体系审核、环境管理体系审核、职业健康安全管理体系审核、能源管理体系或信息安全管理体系等不同的类型。

（4）审核可以基于不同的目的，根据不同的审核目的，可将审核分为"内部审核"和"外部审核"两类。

①内部审核，有时称为第一方审核，是由组织自己或以组织的名义进行的审核。内部审核可以用于管理评审（如内审结果作为管理评审的输入）和其他内部目的（例如确认管理体系的有效性或获得用于改进管理体系的信息），可作为组织自我合格声明的基础（如组织通过实施内审来证实其环境管理体系符合环境管理体系标准的要求）。

②外部审核包括"第二方审核"和"第三方审核"。第二方审核是由组织的相关方（如顾客）或由其他人员以相关方的名义进行的审核。第三方审核是由外部独立的审核组织（如经认可的认证机构）进行的认证注册审核或是由政府监管机构所进行的监管审核。

（5）当不同审核的对象（如质量管理体系和环境管理体系）被一起审核时，称为"结合审核"。

（6）由两个或两个以上的审核组织合作共同对同一个受审核方进行的审核,称为"联合审核"。

二、符　合

1. 术语定义

满足要求。

2. 术语释义

合格或符合,是指满足明示的、通常隐含的或必须履行的需求或期望。通常情况下,满足顾客要求的产品和服务称之为合格品或合格服务。满足特定准则或体系要求的也称之为合格或符合。

三、不　符　合

1. 术语定义

未满足要求。

注1:不符合与本标准要求及组织自身规定的附加的环境管理体系要求有关。

2. 术语释义

不合格或不符合通常是指未满足明示的、通常隐含的或必须履行的需求或期望。

组织所生产的产品和所提供的服务,或其他客体只要不满足"明示的"、"通常隐含的"、"必须履行的"其中的任意的需求和期望,均构成不合格或不符合。

因此,组织在进行运行的策划和控制中,不仅仅需要关注"明示的"和"必须履行的"需求和期望,更需要关注"通常隐含的"需求和期望,否则,就可能导致不合格或不符合的产品和服务发生,或导致不符合环境管理体系标准、组织所规定的管理要求的不符合项的发生。因为,不符合与 ISO 14001 标准要求及组织自身规定的附加的环境管理体系要求有关。

四、纠正措施

1. 术语定义

为消除不符合的原因并预防再次发生所采取的措施。

注1:一项不符合可能由不止一个原因导致。

2. 术语释义

纠正措施是为了防止不合格或不符合的重复发生针对其原因所采取的措施,目的是消除导致不合格或不符合的根本原因。一个不合格或一项不符合可能是由一个或若干个原因导致的。因此,组织需要分析和识别发生不合格或不符合的所有可能原因,确定引发不合格或不符合发生的根本原因,针对其中一个或若干个原因特别是根本原因制定适宜的措施以消除其原因。但有些情况,即便是制定措施也不可确保不合格或不符合一定不再发生。

五、持续改进

1. 术语定义

不断提升绩效的活动。

注1:提升绩效是指运用环境管理体系,提升符合组织的环境方针的环境绩效。

注 2：该活动不必同时发生于所有领域，也并非不能间断。

2. 术语释义

组织为提升自身的环境绩效而开展的相对连续性活动被称为持续改进。组织通过运用环境管理体系不断发现问题寻找自身改进机会，主动设定环境改进目标，利用改进工具和方法实施改进，进而达到周而复始的螺旋式上升，提升组织的整体环境绩效。持续改进应特别关注环境管理体系的适宜性、充分性和有效性。

改进的机会通常会来自对分析和评价结果、内审的结果管理评审输出、法规强制性要求、相关方的特殊要求等。

六、有　效　性

1. 术语定义

实现策划的活动并取得策划的结果的程度。

2. 术语释义

有效性是指完成策划的活动和达到策划结果的程度。有效性包含两个方面，一是完成策划的活动，二是得到策划所期望的结果。如果仅仅是做事，而不考虑所做的事是不是达到了所策划的目标要求，则有效性就会很差，反之，有效性就比较好。因此有效性是一个相对概念，一家有效性差的企业可能比一家有效性好的企业，绝对结果高。

七、参　　数

1. 术语定义

对运行、管理或状况的条件或状态的可度量的表述。
［来源：ISO 14031：2013，3.15］

2. 术语释义

参数，顾名思义是指可参考的变量或数值。针对管理体系而言是指对运行、管理或状况的条件或状态用可度量的一组数据，或变量，或数值所表述的可比对，或可参照的度量结果。

八、监　　视

1. 术语定义

确定体系、过程或活动的状态。
注 1：为了确定状态，可能需要实施检查、监督或认真地观察。

2. 术语释义

通过检查或监督或密切观察进而查明体系、过程、产品、服务或活动的状态的一个或多个特性及特性值的活动。通常，监视是在不同的阶段或不同的时间，对客体状态的确定。监视也包括对某项活动的检查，适当的监视可以传递一种驱使员工努力工作的压力氛围。

监视一是要有明确的监视对象，二是要有明确的与监视项目或者与监视对象有关的特性或特征，三是要有合适的监视频率，四是要有明确的监视职责。

九、测　　量

1. 术语定义

> 确定数值的过程。

2. 术语释义

测量通常是按照策划的安排,通过某种手段和方法,获取和确定客体特定数据信息,以便对客体做出量化的描述的过程。测量需要明确测量对象、计量单位、测量方法和测量的误差。

测量对象通常是指可以描述客体的几何量,包括长度、面积、形状、高程、角度、表面粗糙度以及形位误差等。测量也包括对流量(排放量)、重量或声级的确定。

计量单位:应符合顾客和相关方约定的计量单位,目前我国采用的是国际单位制。米制为我国的基本计量制度。在长度计量中单位为米(m),其他常用单位有毫米(mm)和微米(μm)。在角度测量中以度、分、秒为单位。

测量方法,指在进行测量时符合规定的一组操作。

测量误差,也称测量的准确度,指测量结果与真值的一致程度。由于任何测量过程总不可避免地会出现测量误差,误差大说明测量结果离真值远,准确度低。因此,准确度和误差是两个相对的概念。由于存在测量误差,任何测量结果都是以一近似值来表示。

十、绩　　效

1. 术语定义

> 可度量的结果。
> 注1:绩效可能与定量或定性的发现有关。
> 注2:绩效可能与活动、过程、产品(包括服务)、体系或组织的管理有关。

2. 术语释义

绩效是一组可以测量的定性或定量指标的集合。绩效是可以进行比较的。绩效可能涉及活动、过程、产品、服务、体系或组织的管理。

活动的绩效可能涉及一致性和节奏,也可能涉及活动的效率。

过程的绩效可能涉及输入是否完整、正确,输出是否可靠或满足预期要求的程度。

产品和服务的绩效通常是指产品和服务具有适合用户要求的物理、化学或技术特性,以及服务特性,如强度、化学成份、纯度、功率、转速、舒适度、时间、美观等。

管理体系或组织的管理绩效通常是指其整体效果,或整体有效性和所获得的收益情况。

十一、环境绩效

1. 术语定义

> 与环境因素的管理有关的绩效。
> 注1:对于一个环境管理体系,可能依据组织的环境方针、环境目标或其他准则,运用参数来测量结果。

2. 术语释义

绩效是指可度量的结果。环境绩效是与环境因素的管理有关的可测量的结果,诸如原材料的利用率的变化,单位产品能源消耗的减少或增加,污染物的排放量的减少量等。

复习思考题

一、判 断 题

1. 管理体系的范围只限于某一组织。 （   ）
2. 环境管理体系是用来管理环境因素、履行合规义务,并应对风险和机遇的体系。 （   ）
3. 环境方针是由最高管理者就组织的环境要求正式表述的意图和方向。 （   ）
4. 组织可以是公营的,也可以是私营的。 （   ）
5. 最高管理者有权在组织内部授权并提供资源。 （   ）
6. 相关方可包括顾客、供方、监管部门、非政府组织、投资方和员工,以及竞争对手。 （   ）
7. 环境是指组织运行活动的外部存在,但也包括组织物理边界内的地下资源。 （   ）
8. 一种环境因素只能产生一种环境影响。 （   ）
9. 环境状况是指在某个特定区域内确定的环境的状态或特征。 （   ）
10. 环境影响是指全部或部分地由组织的环境因素给环境造成的有害的变化。 （   ）
11. 目标可能是战略性的、战术性的或运行层面的。 （   ）
12. 环境目标是组织依据其环境状况制定的目标。 （   ）
13. 污染预防可包括资源的有效利用。 （   ）
14. 法律法规要求以外的要求一经组织决定遵守即成为了义务。 （   ）
15. 组织应收集所有的环境法规和标准,以及规范。 （   ）
16. 所有的威胁构成风险,因此,风险就是对组织负面的影响。 （   ）
17. 学历越高能力越强。 （   ）
18. 文件化信息可能来自任何来源。 （   ）
19. 产品和服务的寿命周期不包括对其的最终处置。 （   ）
20. 不在管理体系之内的过程也可以外包。 （   ）
21. 过程是活动的集合。 （   ）
22. 内部审核可以委托外部机构和人员实施。 （   ）
23. 符合就是满足规定的要求。 （   ）
24. 不符合是不满足组织自身的要求。 （   ）
25. 一个不符合只能有一个主要原因。 （   ）
26. 持续改进必须是连续的改进活动。 （   ）
27. 计划实现的结果与计划的活动的比率就是有效性。 （   ）
28. 参数就是对运行、管理或状况的条件或状态的可度量的表述。 （   ）
29. 监视就是确定体系、过程或活动的量值的变化。 （   ）
30. 测量是指确定数值的活动。 （   ）
31. 绩效是指可度量的结果。 （   ）
32. 环境绩效只能运用参数来度量结果。 （   ）

二、单选题

1. 环境管理体系用来管理（   ）的管理体系。

A. 环境因素

B. 履行合规义务

C. 应对风险和机遇

D. A＋B＋C

2. 环境方针是由最高管理者就组织的（   ）正式表述的意图和方向。

A. 环境要求

B. 环境输出

C. 环境影响

D. 环境绩效

3. 组织包括（   ）。

A. 目标

B. 职责和权限

C. 相互关系

D. A＋B＋C

4. 最高管理者有权在组织内部（   ）。

A. 授权

B. 提供资源

C. A＋B

D. 实施设备维修

5. 相关方是指能够影响_____、受_____影响，或感觉自身受到_____影响的个人或组织。（   ）

A. 决策

B. 活动

C. 绩效

D. A＋B

6. 组织运行活动的外部存在可能用（   ）来描述。

A. 生物多样性

B. 生态系统

C. 气候或其他特征

D. A＋B＋C

7. 环境因素是指一个组织的（   ）中与或能与环境发生相互作用的要素。

A. 过程

B. 活动

C. 产品和服务

D. B＋C

8. 一项环境因素可能会产生（   ）环境影响。

A. 一种

B. 多种

C. 最多一种

D. A＋B

9. 环境状况是在某个特定时间点确定的环境的（   ）。

A. 状态

B. 特征

C. 状态或特征

D. 环境结果

10. 环境因素是指全部或部分地由组织的（   ）给环境造成的不利或有益的变化。

A. 重要环境因素

B. 环境因素

C. 输出

D. 产品和服务

11. 重要环境因素是指由组织运用（   ）准则确定的。

A. 一个

B. 多个

C. 唯一

D. A＋B

12. 目标可能是（   ）。

A. 战略性的

B. 战术性的

C. 运行层面的

D. A＋B＋C

13. 组织依据其（   ）制定环境目标。

A. 环境方针

B. 环境状况

C. 环境基础

D. 合规义务

14. 为了降低有害的环境影响而采取（或综合采用）过程、惯例、技术、材料、产品、服务或能源以（　　）任何类型的污染物或废物的产生、排放或废弃。

A. 避免
B. 减少
C. 控制
D. A＋B＋C

15. 要求是指（　　）需求或期望。

A. 明示的
B. 通常隐含的
C. 必须满足的
D. A＋B＋C

16. 要求通常来自（　　）。

A. 顾客
B. 相关方
C. 合规义务
D. A＋B＋C

17. 合规义务可能来自于（　　）。

A. 强制性要求
B. 自愿性承诺
C. 相关方要求
D. A＋B

18. 不确定性是对某一事件、其后果或其可能性缺乏或部分缺乏（　　）的状态。

A. 信息
B. 理解
C. 知识
D. A＋B＋C

19. 风险和机遇包括（　　）。

A. 潜在的有害影响（威胁）
B. 潜在的有益影响（机会）
C. 潜在的环境绩效
D. A＋B

20. 能力是指运用（　　）实现预期结果的本领。

A. 知识
B. 技能
C. 经验
D. A＋B

21. 文件化信息可能以（　　）。

A. 任何形式存在
B. 任何承载载体存在
C. 可能来自任何来源
D. A＋B＋C

22. 外包是指安排外部组织执行组织的部分（　　）。

A. 职能
B. 过程
C. 活动
D. A＋B

23. 外包的职能或过程在管理体系范围（　　），但外部组织不在管理体系覆盖范围内。

A. 之外
B. 之内
C. 之外和之内
D. 之外的所有相关方

24. 过程是指将输入转化为输出的一系列（　　）的活动。

A. 相互关联
B. 相互作用
C. 相互关联或相互作用
D. 相互关联和相互作用

25. 审核是指获取审核证据并予以客观评价，以判定审核准则满足程度的（　　）的过程。

A. 系统的
B. 独立的
C. 形成文件
D. A＋B＋C

26. 当不同审核的对象被一起审核时，称为（　　）。

A. 内部审核
B. 结合审核
C. 联合审核
D. A＋B

27. 内部审核由（　　）。

A. 组织自行实施执行
C. A＋B

B. 由外部其他方代表其实施
D. 只能由组织执行实施

28. 符合是指满足（　　）的需求或期望。

A. 明示的
C. 必须履行

B. 通常隐含的
D. A＋B＋C

29. 不符合是指未满足（　　）的需求或期望。

A. 明示的
C. 必须履行

B. 通常隐含的
D. A＋B＋C

30. 导致不符合发生的原因（　　）。

A. 只有一个主要原因
C. 不少于一个原因

B. 可能是一个或一组原因
D. 一组原因

31. 持续改进是（　　）。

A. 必须在所有的领域实施的活动
C. 不断提升绩效的活动

B. 不断提升绩效的连续活动
D. A＋B

32. 提升绩效是指运用环境管理体系，提升符合组织的（　　）的环境绩效。

A. 环境管理
C. 环境方针

B. 环境运行准则
D. 环境目标

33. 有效性是指（　　）的程度。

A. 实现策划的活动
C. 达成目标的结果

B. 并取得策划的结果
D. A＋B

34. 参数是对（　　）的条件或状态的可度量的表述。

A. 运行
C. 状况

B. 管理
D. A＋B＋C

35. 监视是指确定（　　）的状态。

A. 体系
C. 过程

B. 活动
D. A＋B＋C

36. 测量包括对（　　）的数值的确定。

A. 噪声
C. 固体废物排放量

B. 二氧化碳排放量
D. A＋B＋C

37. 绩效是指可度量的结果，其结果可能与（　　）的发现有关。

A. 定量
C. 非定性

B. 定性
D. A＋B

38. 环境绩效是与（　　）的管理有关的绩效。

A. 环境目标
C. 环境因素

B. 环境结果
D. 重要环境因素

三、多 选 题

1. 体系要素包括（　　）。

A. 组织的结构
C. 策划和运行

B. 岗位和职责
D. 绩效评价和改进

2. 管理体系的范围可能包括（　　）。

A. 整个组织

B. 其特定的职能

C. 其特定的部门

D. 跨组织的一个或多个职能

3. 环境管理体系用来管理（　　）的管理体系。

A. 环境因素

B. 履行合规义务

C. 应对风险和机遇

D. 环境方针和目标

4. 相关方包括（　　）。

A. 顾客

B. 外部供方

C. 监管部门和非政府组织

D. 投资方和员工等

5. 组织运行活动的外部存在，包括（　　），以及它们之间的相互关系。

A. 空气和水

B. 土地和自然资源

C. 植物

D. 动物和人

6. 目标与方针的关系是（　　）。

A. 目标应从属于方针

B. 目标应在方针所确定的框架内展开

C. 可将方针视为目标的标杆

D. 两者没有直接的关系

7. 目标能够运用不同的层面，包括（　　）。

A. 战略和组织范围

B. 项目

C. 产品和服务

D. 过程

8. 确定环境目标通常需要考虑组织的（　　）。

A. 重要环境因素

B. 相关的合规义务

C. 其风险和机遇

D. 环境方针

9. 污染预防可包括（　　）。

A. 源消减或消除

B. 过程、产品或服务的更改

C. 资源的有效利用和材料或能源替代

D. 再利用、回收、再循环、再生或处理

10. 合规义务可能来自于自愿性承诺，包括（　　）。

A. 组织的和行业的标准

B. 合同规定

C. 操作规程

D. 与社团或非政府组织间的协议

11. 风险通常以（　　）的组合来表示。

A. 事件后果

B. 发生的可能性

C. 事件性质

D. 损失金额

12. 文件化信息至少包括（　　）要素。

A. 有价值的信息

B. 承载载体

C. 来源

D. 全部数据

13. 文件化信息可能涉及（　　）。

A. 环境管理体系，包括相关过程

B. 为组织运行而创建的信息（可能被称为文件）

C. 实现结果的证据（可能被称为记录）

D. 来自于相关方的信息

14. 生命周期阶段包括（　　）。

A. 原材料获取

B. 设计与生产

C. 运输和（或）交付，以及使用

D. 寿命结束后处理和最终处置

15. 审核的客观证据包括与审核准则相关且可验证的（　　）。

A. 记录
C. 其他信息

B. 事实陈述
D. 相关方活动

16. 参数是对运行、管理或状况的（　　　）的可度量的表述。

A. 目标
C. 状态

B. 条件
D. 数据

17. 为了通过监视确定状态,可能需要（　　　）。

A. 实施检查
C. 认真地观察

B. 监督
D. 测量

18. 绩效可能与（　　　）有关。

A. 活动
C. 产品(包括服务)

B. 过程
D. 体系或组织的管理

19. 组织可能依据其所确定的（　　　）来测量环境管理体系结果。

A. 环境方针
C. 其他准则

B. 环境目标
D. 运用参数

第三章 环境管理体系要求的理解与应用

第一节 组织所处的环境

📖 4.1 理解组织及其所处的环境

一、标准要求

> 组织应确定与其宗旨相关并影响其实现环境管理体系预期结果的能力的外部和内部问题。这些问题应包括受组织影响的或能够影响组织的环境状况。

二、标准理解与应用

环境管理体系是组织管理体系的重要组成部分，是由用于制订环境方针和环境目标以及实现这些目标的过程所需的一系列相互关联或相互作用的要素所组成，是组织用来管理其环境因素、履行合规义务，并应对风险和机遇的体系。

组织是指为实现其特定的目标而形成的具有其适合自身的结构、职责、权限和关系的个人或群体。不管是任何规模或性质的组织均存在或多或少的环境因素和由环境因素产生的环境影响，也同时受到来自组织所处的外部环境或称组织环境的影响。

组织环境是指对组织建立和实现环境目标，或改善环境绩效的方式、方法或措施有影响的内部和外部因素或问题的组合。

宗旨通常包括组织的愿景、使命、战略方向和目标等。

ISO 14001 标准 4.1 条款旨在针对可能对组织管理其环境职责的方式产生影响（正面的或负面的）的重要问题提供一个高层次的、概念性的理解。这些问题是组织的重要议题，也是需要探讨和讨论的问题，或是对组织实现其设定的环境管理体系预期结果的能力造成影响的变化着的情况。

与组织所处的环境可能相关的内、外部问题示例如下：

1. 与气候、空气质量、水质量、土地使用、现存污染、自然资源的可获得性、生物多样性等相关的，可能影响组织目的或受组织环境因素影响的环境状况。

2. 外部的文化、社会、政治、法律、监管、财务、技术、经济、自然以及竞争环境，无论是国际的、国内的、区域的和地方的。

3. 组织内部特征或条件，例如：其活动、产品和服务、战略方向、文化与能力（即：人员、知识、过程、体系）。

理解组织所处的环境可用于其建立、实施、保持并持续改进其适宜的环境管理体系（见 ISO 14001 标准 4.4 条款）。

ISO 14001 标准 4.1 条款所确定的内外部问题可能给组织或环境管理体系带来风险和机遇（见 ISO 14001 标准 6.1.1 至 6.1.3 条款）。组织可从中确定那些需要应对和管理的风险和机遇（见 ISO 14001 标准 6.1.4、6.2、第 7 章、第 8 章和 9.1 条款）。

　　组织所处的外部环境中可能变化的要素或已经变化的要素可能对组织的生存和发展构成影响,甚至是威胁,但也可能给组织的生存和发展带来机遇。组织内部环境中,诸如环保设备陈旧、高端人才流失,以及资金状况等均可能会影响到组织的环境绩效。

　　在建立、实施和保持环境管理体系过程中,组织可参照图 3-1-1 所示过程,确定或跟踪确定与其宗旨相关并影响其实现环境管理体系预期结果的能力的外部和内部问题。

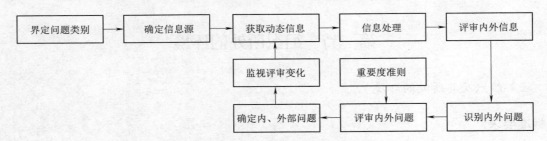

图 3-1-1　内、外部问题分析过程

　　在这里,需要注意的是组织所识别和确定的影响其实现环境管理体系预期结果的能力的外部和内部问题,还应包括受组织影响的环境状况,诸如组织周边的自然环境和社区环境的环境状况,以及能够影响组织的环境管理预期结果的其所处区域或周边的环境状况。

　　环境状况是指在某个特定时间点确定的环境的状态或特征。

　　为便于组织识别和确定与其宗旨相关并影响其实现环境管理体系预期结果的能力的外部和内部问题。在这里,我们提供一种简单的表单,便于相关组织进行内、外部环境中问题的识别、确定、分析和控制,见表 3-1-1。

表 3-1-1　内外部环境问题识别清单

内、外部问题	影响对象或区域	涉及过程或活动	重要程度	责任者	识别时间

4.2　理解相关方的需求和期望

一、标准要求

> 组织应确定:
> a)与环境管理体系有关的相关方;
> b)这些相关方的有关需求和期望(即要求);
> c)这些需求和期望中哪些将成为其合规义务。

二、标准理解与应用

　　ISO 14001 标准希望组织对那些已确定与其有关的内、外部的相关方所明示的需求和期望有一个总体的(即高层次非细节性的)理解。

相关方是指那些能够影响决策或活动、受决策或活动影响,或感觉自身受到决策或活动影响的个人或组织,通常包括顾客、社区、供方、监管部门、非政府组织、投资方和组织内员工。

组织可参考图 3-1-2 所示过程,识别和确定有关相关方的需求和期望。

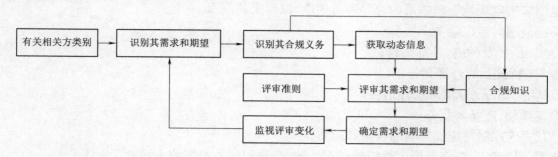

图 3-1-2　有关相关方要求识别过程

组织在确定有关相关方的需求和期望时,应特别关注有关相关方的需求和期望中那些与组织必须履行的合规义务一致或重合的部分,因为一些相关方的要求体现了强制性的需求和期望,且这些需求和期望已被纳入法律、法规、规章、政府或甚至法庭判决的许可和授权中。

组织可决定是否自愿接受或采纳有关相关方的其他需求和期望(例如:纳入合同关系或签署自愿性协议)。因为,组织一旦选择和确定满足有关相关方的需求和期望,即成为组织的合规义务(见 ISO 14001 标准 6.1.1 和 6.1.3 条款)。

组织在策划环境管理体系(见 ISO 14001 标准 4.4 条款)时必须考虑有关相关方与组织合规义务一致或重合部分的需求和期望。

合规义务是组织必须遵守的法律法规要求,以及组织必须遵守或选择遵守的其他要求。

对组织合规义务更详细的分析见 ISO 14001 标准 6.1.3 条款。

组织应获得和熟悉与合规义务或组织确定需要满足的有关相关方的需求和期望有关的知识。

当相关方认为其受到组织有关环境绩效的决策或活动的影响时,则组织此时应考虑该相关方的诉求,并向其告知或披露相关的要求(需求和期望)。

理解本条款时,需要注意的是并非所有有关相关方的与组织需要履行的合规义务之外的所有要求都必须得到满足。除非组织认为应该采纳时,则这些需求和期望才会成为组织的合规义务。

为便于组织识别和确定与环境管理体系有关的相关方的需求和期望,在这里,我们提供一种简单的表单,便于相关组织理解和应用,见表 3-1-2。

表 3-1-2　有关相关方要求识别清单

相关方需求和期望	对应合规义务	涉及过程或活动	重要程度	责任者	时间

📖 4.3   确定环境管理体系的范围

一、标准要求

组织应确定环境管理体系的边界和适用性,以界定其范围。

确定范围时组织应考虑:

a)4.1所提及的内、外部问题;

b)4.2所提及的合规义务;

c)其组织单元、职能和物理边界;

d)其活动、产品和服务;

e)其实施控制与施加影响的权限和能力。

范围一经确定,在该范围内组织的所有活动、产品和服务均须纳入环境管理体系。

范围应作为文件化信息予以保持,并可为相关方获取。

二、标准理解与应用

环境管理体系的范围旨在明确应用环境管理体系的物理的和组织的边界,尤其是当组织如果属于某大型组织的一部分时,组织可自主灵活地界定其边界,但应满足合规义务的规定,如应与环境评价报告的相关信息相一致。

组织在确定环境管理体系范围时应考虑:

1. ISO 14001标准4.1条款所提及的内、外部问题,包括受组织影响的或能够影响组织的环境状况;

2. ISO 14001标准4.2条款所提及的合规义务(注意,此处并非是有关相关方的所有需求和期望,而仅是这些需求和期望中那些成为合规义务的部分);

3. 其组织单元、职能和物理边界;

4. 其活动、产品和服务;

5. 其实施控制与施加影响的权限和能力。

组织可选择在整个组织内实施ISO 14001标准,或只在组织的特定部分实施,但前提是该部分的最高管理者有权限建立环境管理体系。

确定范围时,环境管理体系的可信性取决于组织边界的选取。组织不宜将本应属于自身需要重点控制的,包含有重要环境因素的过程外包,或排除在环境管理体系边界之外,逃避合规义务。因此,环境管理体系的范围的确定不应被个别组织用来排除具有或可能具有重要环境因素的活动、产品、服务或设施,或规避其合规义务。

范围是对在其环境管理体系边界内组织运行的、真实的并具代表性的阐述,且不应当对相关方造成误导。

组织一旦界定并确定其环境管理体系范围,那么,属于其环境管理体系范围之内的所有活动、产品和服务均须纳入其环境管理体系。

组织应运用生命周期观点考虑其对活动、产品和服务能够实施控制或施加影响的程度。

组织应将经确定的环境管理体系的范围作为文件化信息予以保持。

组织一旦对外宣称其环境管理体系符合ISO 14001标准,则组织在相关方要求时,应向其提供其对环境管理体系范围的声明,或其相关的公开文件可为相关方所获取。

通常在描述组织的环境管理体系范围时,可使用位于××城市××区××街道××号(或使用经纬度)表述其地理位置,使用占地面积来表述其物理边界,并在成文信息中附上组织厂界平面图。必要时,包括地下管网图。

📖 **4.4　环境管理体系**

一、标准要求

> 为实现组织的预期结果,包括提升其环境绩效,组织应根据本标准的要求建立、实施、保持并持续改进环境管理体系,包括所需的过程及其相互作用。
>
> 组织建立并保持环境管理体系时,应考虑在4.1和4.2中所获得的知识。

二、标准理解与应用

组织有权力和责任决定其自身如何满足 ISO 14001 标准要求,包括识别和确定以下事项的详略程度。

1. 建立一个或多个过程,以确信它(们)按策划得以控制和实施,并实现期望的结果。

过程是指将输入转化为输出的一系列相互关联或相互作用的活动。组织为确保对其环境因素实施控制,履行其合规义务,提高其环境绩效,实现其环境管理体系的预期结果。在按照 ISO 14001 标准的要求建立、实施、保持并持续改进其环境管理体系时,组织应识别和确定提升其环境绩效所需的过程,以及过程的顺序和相互作用。

环境绩效是指与环境因素的管理有关的绩效。对于一个环境管理体系,可能依据组织的环境方针、环境目标或其他准则,运用参数来测量结果。

2. 组织在建立、实施、保持并持续改进环境管理体系过程中,应将环境管理体系要求融入其各项业务过程中,例如:设计和开发、采购、生产和服务提供、人力资源、营销和市场等。避免产生两张皮的情况。

3. 将与组织所处的环境(见 ISO 14001 标准4.1条款)和相关方要求(见 ISO 14001 标准4.2条款)有关的问题纳入其环境管理体系。

组织应将所确定与其宗旨相关并影响其实现环境管理体系预期结果的能力的外部和内部问题,包括受组织影响的或能够影响组织的环境状况,以及组织所确定的与环境管理体系有关的相关方的有关需求和期望(即要求)中哪些将成为其合规义务的相关问题纳入到其环境管理体系之中予以控制。

组织如果仅在其内部一个或多个特定部分实施 ISO 14001 标准,则可采用组织针对其他部分制定的环境方针、过程和文件化信息来满足 ISO 14001 标准的要求,只要它们适用于那个(些)特定部分。

组织的环境管理体系可能因其所处的环境中的有关问题的变化,或有关相关方的有关需求和期望,包括那些已经成为组织合规义务部分的内容的变化而导致其对环境管理体系的变更。

在建立并保持环境管理体系时,组织应考虑如何获得和应用与 ISO 14001 标准4.1和4.2条款关联的知识。

第二节　领 导 作 用

📖 **5.1　领导作用与承诺**

一、标准要求

> 最高管理者应通过下述方面证实其在环境管理体系方面的领导作用和承诺:
>
> a)对环境管理体系的有效性负责;

b)确保建立环境方针和环境目标,并确保其与组织的战略方向及所处的环境相一致;

c)确保将环境管理体系要求融入组织的业务过程;

d)确保可获得环境管理体系所需的资源;

e)就有效环境管理的重要性和符合环境管理体系要求的重要性进行沟通;

f)确保环境管理体系实现其预期结果;

g)指导并支持员工对环境管理体系的有效性做出贡献;

h)促进持续改进;

i)支持其他相关管理人员在其职责范围内证实其领导作用。

注:本标准所提及的"业务"可广义地理解为涉及组织存在目的的那些核心活动。

二、标准理解与应用

最高管理者是指在组织的最高层指挥并控制其组织的一个人或一组人,最高管理者有权在组织内部授权并提供资源。

为了证明领导作用和承诺,最高管理者负有环境管理体系有关的特定职责,应当亲自参与或进行指导。

作为组织的最高管理者应通过履行或开展以下方面的职责和活动,证实其在环境管理体系方面的领导作用和承诺。

1. 作为组织的第一管理者,应对环境管理体系的有效性负责,在建立、实施、保持和持续改进环境管理体系过程中,进行科学合理的决策和控制,以便实现环境管理体系的预期输出。最高管理者率先垂范的作用可能会对组织有效地开展环境管理体系活动产生积极影响。

有效性是指实现策划的活动并取得策划的结果的程度。要实现环境管理体系的有效性,就要彻底根除任何形式上的"假大空",真抓实做。衡量所取得的环境管理体系有效性,可能涉及:

——原材料或能源使用量;

——废气排放量(如 CO_2 等);

——单位产量的成品所产生的废物;

——材料和能源的使用效率等。

2. 确保建立环境方针和环境目标,并确保其与组织的战略方向及所处的环境相一致。

环境方针是由最高管理者就组织的环境绩效正式表述的意图和方向。在这里,环境方针表述的核心内容是环境绩效,也就是组织期望与环境因素管理有关的可测量结果需要达到的目标方向。

环境目标是组织依据其环境方针制定的目标(要实现的结果)。

同时,组织在建立环境方针和环境目标过程中,要特别注意两个方面,一是环境方针要与组织的战略方向和组织的宗旨,包括愿景和使命保持一致,不能背道而驰,分散组织实现战略目标的资源。二是组织在建立环境方针时,要考虑其所处的背景环境,既不能好高骛远,也不能降低努力的空间和高度。

环境方针确定了环境目标的框架边界,因此,组织的环境目标要与环境方针保持一致,视环境方针为环境目标的标杆,并在其环境方针所确定的框架边界内。

3. 确保将环境管理体系要求融入组织的业务过程。

组织在建立、实施、保持和持续改进环境管理体系过程中,不是要求必须另外独立地建立一套形式上的文件化信息,而是将环境管理体系的标准要求自然而然地融入其组织的业务过程之中,包括运行准则之中。这样可以有效地避免"两张皮"的情况,避免环境管理体系僵化或过度形式化。只有将环境管理体系要求融入组织的业务过程,才能真正发挥出环境管理体系的功能,实现环境管理体系的预期输出。

4. 确保可获得环境管理体系所需的资源。

最高管理者有权在组织内部授权并提供资源。资源包括人员、资金资源、基础设施(环保设备和设施)、自然资源、技术和方法资源等。

5. 就有效环境管理的重要性和符合环境管理体系要求的重要性进行沟通。

沟通是组织与员工之间,组织与相关方之间,以及员工与员工之间的思想与感情的传递和反馈的过程,以求对事物的理解达成一致和感情的通畅,沟通的价值在于可以有效和高效地解决问题。在实际活动中,可能诸多问题的成因均与沟通有关。因此,作为组织的最高管理者应促使就有效环境管理的重要性和符合环境管理体系要求的重要性进行沟通。

6. 确保环境管理体系实现其预期结果。

最高管理者应采取一系列的可行措施,来确保与组织的环境方针保持一致的环境管理体系预期结果,包括:

——提升环境绩效;

——履行合规义务;

——实现环境目标。

7. 指导并支持员工对环境管理体系的有效性做出贡献。

最高管理者应积极主动营造企业环境文化氛围,通过企业文化和保护环境的价值观影响每位员工的环境行为,指导并支持员工对环境管理体系的有效性做出贡献。

8. 促进持续改进。

持续改进是任何组织的永恒主题,不进则退。持续改进是组织内部不断提升绩效的活动。组织可运用环境管理体系,提升符合组织环境方针的环境绩效。

9. 支持其他相关管理人员在其职责范围内证实其领导作用。

最高管理者可向他人委派以上 9 个方面行动的相关职责,但有责任通过提供支持和辅导确保这些行动得到实施,并促使相关管理者在其管理范围内,以身作则,率先垂范。

5.2　环境方针

一、标准要求

最高管理者应在界定的环境管理体系范围内建立、实施并保持环境方针。环境方针应:

a)适合于组织的宗旨和组织所处的环境,包括其活动、产品和服务的性质、规模和环境影响;

b)为制定环境目标提供框架;

c)包括保护环境的承诺,其中包含污染预防及其他与组织所处环境有关的特定承诺;

注:保护环境的其他特定承诺可包括资源的可持续利用、减缓和适应气候变化、保护生物多样性和生态系统。

d)包括履行其合规义务的承诺;

e)包括持续改进环境管理体系以提升环境绩效的承诺。

环境方针应:

——以文件化信息的形式予以保持;

——在组织内得到沟通;

——可为相关方获取。

二、标准理解与应用

环境方针是由最高管理者就其组织的环境绩效正式表述的意图和方向。

环境方针是声明承诺的一系列原则或一组原则,最高管理者在这些承诺中概述了支持并提升其环境绩效的意图,如图 3-2-1 所示。

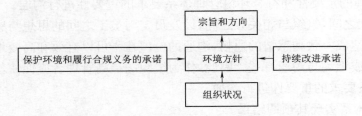

图 3-2-1   环境方针示意图

环境方针应为环境目标提供框架,使组织能够制定其环境目标(见 ISO 14001 标准 6.2 条款),采取措施实现环境管理体系的预期结果,并实现持续改进(见 ISO 14001 标准第 10 章)。环境方针在为环境目标提供框架时,应考虑到组织相关区域、活动、产品和服务中可能存在的重要环境因素,及其环境影响。考虑到组织的业务活动范围,及改善环境绩效的方向。环境方向应是一组基于业务活动、产品和服务的环境绩效改善方向的集合。

环境方针应适合于组织的宗旨和组织所处的环境,包括其活动、产品和服务的性质、规模和环境影响。应避免不切实际和缺乏特定导向作用的方针。

组织的宗旨包括了愿景、使命、战略方向和目标。

ISO 14001 标准规定了环境方针的三项基本承诺:

1. 保护环境;

2. 履行组织的合规义务;

3. 持续改进环境管理体系以提升环境绩效。

这些承诺体现在组织为满足 ISO 14001 标准特定要求所建立的过程中,以确保一个坚实、可信和可靠的环境管理体系。

保护环境的承诺不仅是通过污染预防防止不利的环境影响,还要保护自然环境免遭因组织的活动、产品和服务而导致的危害与退化。组织追求的特定承诺应当与其所处的环境(包括当地的或地区的环境状况)相关。这些承诺可能提及,例如:水质量、再循环或空气质量的问题,并可能包括与减缓和适应气候变化、保护生物多样性与生态系统,以及环境修复相关的承诺。

所有承诺均很重要,某些相关方特别关注组织履行其合规义务的承诺,尤其是满足适用法律法规要求的承诺。ISO 14001 标准规定了一系列与该承诺相关的相互关联的要求,包括下列需求:

——确定合规义务;

——确保按照这些合规义务实施运行;

——评价合规义务的履行情况;

——纠正不符合。

组织应将环境方针形成文件化信息予以保持,必要时,须对环境方针的内涵做出解释或说明。

组织应采取各种方式,包括宣传和培训,在组织内对环境方针进行充分沟通,确保其员工能够真正理解和应用环境方针。

环境方针体现了组织的一系列有关的承诺,当有关的相关方有需求时,应能够为相关方所获取。

📖 5.3　组织的角色、职责和权限

一、标准要求

> 最高管理者应确保在组织内部分配并沟通相关角色的职责和权限。
>
> 最高管理者应对下列事项分配职责和权限：
>
> a)确保环境管理体系符合本标准的要求；
>
> b)向最高管理者报告环境管理体系的绩效，包括环境绩效。

二、标准理解与应用

最高管理者应确保在组织内部分配并沟通相关角色的职责和权限，以确保 ISO 14001 标准中所有的规定要求通过其具体角色的活动得以实现。通常情况下，组织可设计一份可以描述环境管理体系标准要求与角色和过程之间关系的三维矩阵图（表），用以说明相关角色所应承担的责任。

参与组织环境管理体系的人员应当对其在遵守 ISO 14001 标准要求和实现预期结果方面的岗位、职责和权限有清晰的理解。

ISO 14001 标准 5.3 条款中所识别的特定角色的职责可分派给某一个人，有时被称为"管理者代表"，也可由几个人分担，或分派给最高管理层的某成员。由他（她）或他（她）们负责向最高管理者报告环境管理体系的绩效，包括环境绩效。

第三节　策　划

📖 6.1　应对风险和机遇的措施

6.1.1　总则

一、标准要求

> 组织应建立、实施并保持满足 6.1.1～6.1.4 的要求所需的过程。
>
> 策划环境管理体系时，组织应考虑：
>
> a)4.1 所提及的问题；
>
> b)4.2 所提及的要求；
>
> c)其环境管理体系的范围。
>
> 并且，应确定与环境因素（见 6.1.2）、合规义务（见 6.1.3）、4.1 和 4.2 中识别的其他问题和要求相关的需要应对的风险和机遇，以：
>
> ——确保环境管理体系能够实现其预期结果；
>
> ——预防或减少不期望的影响，包括外部环境状况对组织的潜在影响；
>
> ——实现持续改进。
>
> 组织应确定其环境管理体系范围内的潜在紧急情况，包括那些可能具有环境影响的潜在紧急情况。
>
> 组织应保持以下内容的文件化信息：
>
> ——需要应对的风险和机遇；
>
> ——6.1.1～6.1.4 中所需过程，其详尽程度应使人确信这些过程能按策划得到实施。

二、标准理解与应用

ISO 14001标准6.1.1条款所需建立过程的总体目的在于确保组织能够实现其环境管理体系的预期结果,预防或减少非预期影响,并实现持续改进。组织可通过确定其需要应对的风险和机遇,策划措施进行处理来确保实现以上目的。这些风险和机遇可能与环境因素、合规义务、其他问题或其他相关方的需求和期望有关。

ISO 14001标准6.1.1条款要求所需的过程,如图3-3-1所示。

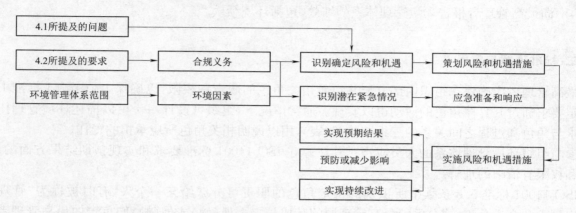

图3-3-1   ISO 14001标准6.1.1条款要求所需的过程示意图

环境因素(见ISO 14001标准6.1.2条款中标准理解与应用部分)可能产生与不利环境影响、有益环境影响和其他对组织的影响有关的风险和机遇。与环境因素有关的风险和机遇的确定作为重要性评价的一部分,也可单独确定。

合规义务(见ISO 14001标准6.1.3条款中标准理解与应用部分)可能产生风险和机遇,例如:未履行合规义务可损害组织的声誉或导致诉讼;或更严格地履行合规义务,能够提升组织的声誉。

组织也可能存在与其他问题有关的风险和机遇,包括环境状况,或相关方的需求和期望,这些都可能影响组织实现其环境管理体系预期结果的能力。例如:

1. 由于员工文化或语言的障碍,未能理解当地的工作程序而导致的环境泄漏;

2. 因气候变化而导致洪涝灾害的增加,可影响组织的经营场地;

3. 由于经济约束导致缺乏可获得的资源来保持一个有效的环境管理体系;

4. 通过政府财政资助引进新技术,可能改善空气质量;

5. 旱季缺水可能影响组织运行其排放控制设备的能力。

紧急情况是意外的或不定期的环境事件,需要紧急运用特殊的能力、资源或过程加以预防或减轻其实际或潜在的后果。紧急情况可能导致不利环境影响或对组织造成其他影响。组织在确定潜在的紧急情况(例如:火灾、化学品溢出、恶劣天气)时,应当考虑以下内容:

——现场危险物品(例如:易燃液体、储罐、压缩气体)的性质;

——紧急情况最有可能的类型和规模;

——附近设施(例如:工厂、道路、铁路线)的紧急情况的可能性。

尽管须确定和应对风险和机遇,但并不要求组织进行正式的风险管理或文件化的风险管理过程。组织可自行选择确定风险和机遇的方法。方法可涉及简单的定性过程或完整的定量评价,这取决于组织运行所处的环境。

识别风险和机遇(见ISO 14001标准6.1.1～6.1.3条款)是措施的策划(见ISO 14001标准6.1.4条款)并建立环境目标(见ISO 14001标准6.2条款)的输入。

组织应保持需要应对的风险和机遇的文件化信息，以及涉及 ISO 14001 标准 6.1.1～6.1.4 条款中所需过程的文件化信息，其程度应足以使人们确信这些过程按策划实施。

📖 6.1.2　环境因素

一、标准要求

组织应在所界定的环境管理体系范围内，确定其活动、产品和服务中能够控制和能够施加影响的环境因素及其相关的环境影响。此时应考虑生命周期观点。

确定环境因素时，组织必须考虑：

a) 变更，包括已纳入计划的或新的开发，以及新的或修改的活动、产品和服务；

b) 异常状况和可合理预见的紧急情况。

组织应运用所建立的准则，确定那些具有或可能具有重大环境影响的环境因素，即重要环境因素。

适当时，组织应在其各层次和职能间沟通其重要环境因素。

组织应保持以下内容的文件化信息：

——环境因素及相关环境影响；

——用于确定其重要环境因素的准则；

——重要环境因素。

注：重要环境因素可能导致与不利环境影响（威胁）或有益环境影响（机会）相关的风险和机遇。

二、标准理解与应用

环境因素是指一个组织的活动、产品和服务中与或能与环境发生相互作用的要素。一项环境因素可能产生一种或多种环境影响。

重要环境因素是指具有或能够产生一种或多种重大环境影响的环境因素。重要环境因素是由组织运用一个或多个准则确定的。

环境因素与重要环境因素的概念是相对的。重要环境因素并不一定存在与组织的所有活动、产品和服务相关的领域或区域。

组织确定其环境因素和相关环境影响，进而确定那些需要通过其环境管理体系进行管理的重要环境因素。

全部地或部分地由环境因素给环境造成的任何不利或有益的变化称为环境影响。环境影响可能发生在地方、区域或是全球范围，且可能是直接的、间接的或自然累积的影响。环境因素和环境影响之间是因果关系。

确定环境因素时，组织要考虑生命周期观点。但并不要求进行详细的生命周期评价，只需认真考虑可被组织控制或影响的生命周期阶段就足够了。产品或服务的典型生命周期阶段包括原材料获取、设计、生产、运输和（或）交付、使用、寿命结束后处理和最终处置。适用的生命周期阶段将根据活动、产品和服务的不同而不同。

组织必须确定其环境管理体系范围内的环境因素。必须考虑与其现在的及过去的活动、产品和服务，计划的或新的开发，新的或修改的活动、产品和服务相关的输入和输出（包括预期的和非预期的）。运用的方法应当考虑正常的和异常的运行状况、关闭与启动状态，以及 ISO 14001 标准 6.1 条款中识别的可合理预见的紧急情况。应当注意之前曾发生过的紧急情况。

组织不必单个考虑每个产品、组件或原材料以确定和评价其环境因素。当这些活动、产品和服务具有相同特性时,可对其进行分组或分类。

确定其环境因素时,组织可能考虑下列事项:

1. 向大气的排放;
2. 向水体的排放;
3. 向土地的排放;
4. 原材料和自然资源的使用;
5. 能源使用;
6. 能量释放,例如:热能、辐射、振动(噪声)和光能;
7. 废物和(或)副产品的产生;
8. 空间的使用。

除组织能够直接控制的环境因素外,组织还应确定是否存在其能够施加影响的环境因素。这些环境因素可能与组织使用的由其他方提供的产品和服务有关,也可能与组织向其他方提供的产品和服务有关,包括与外包过程相关的产品和服务。

在确定环境因素的过程中,组织应避免眉毛胡子一把抓,应特别注意去识别那些能够控制或能够施加环境影响的环境因素,而不是所有的环境因素。对一个组织而言,为满足正常生产经营活动所需的电或水的消耗,以及其他必须的生产资料消耗是难以对其实施控制,并减少其环境影响的。

组织应该识别和关注那些非正常的生产或生活资料消耗部分,诸如跑冒滴漏导致的水资源异常消耗,长明灯导致的电的异常消耗,下班后不关闭电脑主机导致的非正常电的消耗和机器寿命的缩短等。

组织应该关注生产和服务提供过程中的产品的合格率,减少废次品的产生,节约更多的生产资料,减少原材料和自然资源的使用。组织还应关注各种生产制造设备的耗能情况,或通过技术改造或更新其高耗能的设备减少其环境影响。

对于组织向其他方提供的产品和服务,组织可能仅对产品和服务的使用与寿命结束后处理具有有限的影响。然而,在任何情况下均由组织确定其能够实施控制的程度,其能够施加影响的环境因素,以及其选择施加这种影响的程度。

组织应当考虑与其活动、产品和服务相关的环境因素,例如:

——其设施、过程、产品和服务的设计和开发;
——原材料的获取,包括开采;
——运行或制造过程,包括仓储;
——设施、组织的资产和基础设施的运行和维护;
——外部供方的环境绩效和实践;
——产品运输和服务交付,包括包装;
——产品存储、使用和寿命结束后处理;
——废物管理,包括再利用、翻新、再循环和处置。

确定重要环境因素的方法不是唯一的。但所使用的方法与准则应当提供一致的结果。组织应设立确定其重要环境因素的准则。环境准则是评价环境因素首要的和最低限度的准则。准则可与环境因素有关,例如:类型、规模、频次等,或可与环境影响有关,例如:规模、严重程度、持续时间、暴露时间等,也可运用其他准则。当仅考虑某项环境准则时,一项环境因素可能不是重要环境因素,但当考虑了其他准则时,它或许可能达到或超过确定重要性的阈值。这些其他准则可能包括组织的问题,例如:法律要求或相关方的关注。这些其他准则不应被用来使基于其环境影响的重要因素降低等级。

一项重要环境因素可能导致一种或多种重大环境影响,并可能因此导致为确保组织能够实现其环境管理体系的预期结果而需要应对的风险和机遇。

　　组织应建立、实施并保持满足 ISO 14001 标准 6.1.2 条款要求所需的过程,如图 3-3-2 所示。

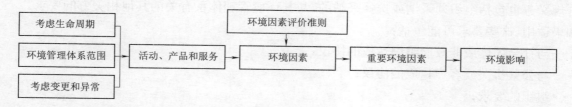

图 3-3-2　ISO 14001 标准 6.1.2 条款要求所需的过程示意图

　　为便于组织识别环境因素,并对环境因素进行管理,在这里,我们提供一种简单的表单,便于相关组织和人员理解和应用,见表 3-3-1。

表 3-3-1　环境因素清单

序号	活动、产品和服务	环境因素	环境影响	重要程度	控制措施	责任者

📖 6.1.3　合 规 义 务

一、标准要求

> 组织应:
> a)确定并获取与其环境因素有关的合规义务;
> b)确定如何将这些合规义务应用于组织;
> c)在建立、实施、保持和持续改进其环境管理体系时必须考虑这些合规义务。
> 组织应保持其合规义务的文件化信息。
> 注:合规义务可能会给组织带来风险和机遇。

二、标准理解与应用

　　组织需详细确定其在 ISO 14001 标准 4.2 条款中识别的适用于其环境因素的合规义务,并确定这些合规义务如何适用于组织。合规义务包括组织须遵守的法律法规要求,及组织须遵守的或选择遵守的其他要求。

　　如果适用,与组织环境因素相关的强制性法律法规要求可能包括:

　　1. 政府机构或其他相关权力机构的要求;

　　2. 国际的、国家的和地方的法律法规;

　　3. 许可、执照或其他形式授权中规定的要求;

4. 监管机构颁布的法令、条例或指南；

5. 法院或行政的裁决。

合规义务也包括组织须采纳或选择采纳的，与其环境管理体系有关的其他相关方的要求。

如果适用，这些要求可能包括：

——与社会团体或非政府组织达成的协议；

——与公共机关或客户达成的协议；

——组织的要求；

——自愿性原则或业务守则；

——自愿性环境标志或环境承诺；

——与组织签订的合同所约定的义务；

——相关的组织标准或行业标准。

组织应建立、实施并保持满足 ISO 14001 标准 6.1.3 条款要求所需的过程，如图 3-3-3 所示。

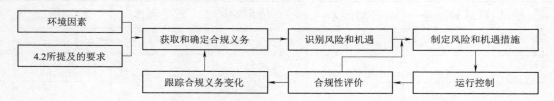

图 3-3-3　ISO 14001 标准 6.1.3 条款要求所需的过程示意图

为便于组织识别和确定与环境因素有关的合规义务，在这里，我们提供一种简单的表单，便于相关组织理解和应用，见表 3-3-2。

表 3-3-2　合规义务清单

活动、产品和服务	环境因素	合规义务要求	合规措施	合规性	责任者

组织应识别和确定与其环境因素有关的合规义务的具体要求，并应将这些具体要求传递到与其相关的区域或场所的有关人员通过合规措施满足其合规义务的要求。

📖 6.1.4　措施的策划

一、标准要求

组织应策划：

a)采取措施管理其：

　　1)重要环境因素；

　　2)合规义务；

　　3)6.1.1 所识别的风险和机遇。

b)如何：

　　1)在其环境管理体系过程(见6.2、第7章、第8章和9.1)中或其他业务过程中融入并实施这些措施；

　　2)评价这些措施的有效性(见9.1)。

当策划这些措施时，组织应考虑其可选技术方案、财务、运行和经营要求。

二、标准理解与应用

组织需在高层面上策划环境管理体系中应采取的措施，以管理其重要环境因素、合规义务，以及按照 ISO 14001 标准 6.1.1 条款要求所识别的并需要组织优先考虑的风险和机遇，以实现其环境管理体系的预期结果。

策划的措施可包括建立环境目标(见 ISO 14001 标准 6.2 条款)，或可独立或结合的方式融入环境管理体系的其他过程。一些措施还可以通过其他管理体系提出，例如：与职业健康安全或业务连续性有关的管理体系；或通过与风险、财务或人力资源管理相关的其他业务过程提出。

当考虑其技术选项时，组织应当考虑在经济可行、成本效益高和适宜的前提下，采用最佳可行技术，但这并不意味着组织必须使用环境成本核算的方法学。

组织应建立、实施并保持满足 ISO 14001 标准 6.1.4 条款要求所需的过程，如图 3-3-4 所示。

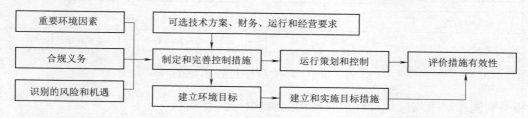

图 3-3-4　ISO 14001 标准 6.1.4 条款要求所需的过程示意图

📖 6.2　环境目标及其实现的策划

6.2.1　环境目标

一、标准要求

组织应针对其相关职能和层次建立环境目标，此时必须考虑组织的重要环境因素及相关的合规义务，并考虑其风险和机遇。

环境目标应：

a)与环境方针一致；

b)可测量(如可行)；

c)得到监视；

d)予以沟通；

e)适当时予以更新。

组织应保持环境目标的文件化信息。

二、标准理解与应用

环境目标是组织依据其环境方针所建立的目标，它是组织所期望实现的环境管理的预期结果。

最高管理者可从战略层面、战术层面或运行层面来建立环境目标。战略层面包括组织的最高层次，其目标能够适用于整个组织。战术和运行层面可能包括针对组织内特定单元或职能的环境目标，应当与组织的战略方向相一致。

组织应当与在其控制下工作的、具备影响实现环境目标能力的人员沟通环境目标。

"必须考虑重要环境因素"的要求并不意味着必须针对每项重要环境因素制定一个环境目标，而是建立环境目标时应优先考虑这些重要环境因素。

组织所建立的环境目标不应超越环境方针所确定的环境目标的框架边界。组织须认真把握好环境方针与环境目标，以及环境目标与实现环境目标的措施之间的关系，充分发挥通过环境目标改善组织的环境绩效，实现环境管理体系预期结果的目的。

可行时，环境目标应具有可测量性，并在适当时予以更新。

"与环境方针保持一致"指环境目标是与最高管理者在环境方针中做出的承诺保持总体协调一致，包括持续改进的承诺。

通常情况下，组织建立环境目标的过程如图 3-3-5 所示。

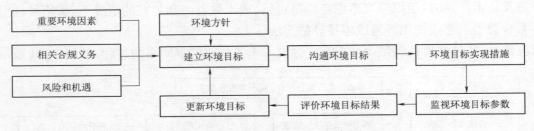

图 3-3-5　环境目标过程示意图

组织相关职能和层级均应保持环境目标的文件化信息。

6.2.2　实现环境目标措施的策划

一、标准要求

策划如何实现环境目标时，组织应确定：

a) 要做什么；

b) 需要什么资源；

c) 由谁负责；

d) 何时完成；

e) 如何评价结果，包括用于监视实现其可测量的环境目标的进程所需的参数（见 9.1.1）。

组织应考虑如何能将实现环境目标的措施融入其业务过程。

二、标准理解与应用

为了确保环境目标的实现，组织应针对实现环境目标的需要，制定环境目标措施实施计划或管理方案，并在其中规定以下内容：

1. 针对实现目标的需要，具体做什么；

2. 需要什么资源；

3. 由谁负责；

4. 何时完成；

5. 如何评价结果。

在评价结果中,可采用包括用于监视实现其可测量的环境目标的进程所需的参数。

参数是对运行、管理或状况的条件或状态的可度量的表述。

选择参数来评价可测量的环境目标的实现情况。

"可度量"指可能使用与规定尺度有关的定性的或定量的方法,来确定是否实现了环境目标。"如可行"表示某些情况下可能无法度量环境目标。但重要的是组织需能够确定环境目标是否得以实现。

关于环境参数的附加信息见 GB/T 24031。

为便于组织制定环境目标措施实施计划或管理方案,在这里,我们提供一种简单的表单,便于相关组织将其用于管理实践,见表 3-3-3。

表 3-3-3　环境目标管理方案

环境目标						
步骤	活动内容和要求	阶段目标	资源需求	责任者	完成时间	评价

第四节　支　　持

📖 7.1　资源

一、标准要求

> 组织应确定并提供建立、实施、保持和持续改进环境管理体系所需的资源。

二、标准理解与应用

资源是环境管理体系有效运行和改进,以及提升环境绩效所必需的最基本的条件。组织应识别和确定满足实现环境目标,以及实现与组织的环境方针保持一致的环境管理体系预期结果所需的资源。最高管理者应当确保那些负有环境管理职责的人员得到必需的资源支持。内部资源可由外部供方补充。

资源可能包括人力资源、自然资源、基础设施、技术和财务资源。例如:人力资源包括专业技能和知识;基础设施资源包括组织的建筑物、设备、地下储罐和排水系统等。

组织应根据满足环境管理体系运行和实现与组织的环境方针保持一致的环境管理体系预期结果的需要,规定各相关岗位的能力需求,包括教育、知识、技能和经验。

组织应识别和合理使用所需的自然资源,建立和保持自然资源使用过程,防止在使用自然资源过程中导致生物多样性、生态系统以及气候的破坏。

组织应遵照合规义务的要求,科学合理配备污染预防所需的各种环保设备,诸如隔音或消音设施、除尘设备、污水处理设施、地下储罐和排水系统等。

组织应识别、获取、应用和更新与环保技术有关的知识,积极引进和应用各种先进的环保技术,减少污染物的排放,改善组织的环境绩效。

组织应将环境管理体系运行和环境保护所需的资金需求纳入财务预算管理,并坚持对环保费用支出合理性的检查。

📖 7.2   能力

一、标准要求

> 组织应:
> a)确定在其控制下工作,对其环境绩效和履行合规义务的能力具有影响的人员所需的能力;
> b)基于适当的教育、培训或经历,确保这些人员是能胜任工作;
> c)确定与其环境因素和环境管理体系相关的培训需求;
> d)适当时,采取措施以获得所必需的能力,并评价所采取措施的有效性。
> 注:适当措施可能包括,例如:向现有员工提供培训、指导,或重新分配工作;或聘用、雇佣能胜任的人员。
> 组织应保留适当的文件化信息作为能力的证据。

二、标准理解与应用

能力是指运用知识和技能实现预期结果的本领。

ISO 14001 标准所规定的能力要求适用于那些可能影响组织环境绩效的、在组织控制下工作的人员,包括:

1. 其工作可能造成重大环境影响的人员;

2. 被分派了环境管理体系职责的人员,包括涉及以下工作的人员:

(1)确定并评价环境影响或合规义务;

(2)为实现环境目标做出贡献;

(3)对紧急情况做出响应;

(4)实施内部审核;

(5)实施合规性评价。

3. 在组织管理体系范围内,从事可能导致环境影响的活动的外部方人员。

组织应根据满足环境管理体系运行的有效性和效率,以及实现与组织的环境方针保持一致的环境管理体系预期结果所需的专业知识和技能的需要,规定从事不同环境管理活动或岗位的人员的能力需求,包括适当的教育、培训或经历要求。

组织应确定与其环境因素和环境管理体系相关的培训需求,并实施培训,提升相关人员能力。

适当时,组织可采取诸如向现有员工提供培训和指导,或重新分配工作;或聘用、雇佣能胜任的人员等措施以获得所必需的能力。

组织应对所采取的措施的有效性进行评价,并保留适当的文件化信息作为能力的证据。

为便于相关组织实施对人员能力的管理,我们在此提供一份简单的表单供有关组织参考使用,见表 3-4-1。

表 3-4-1　岗位能力需求一览表

角　色	从事主要活动和要求	所需教育程度	应具备的知识和技能	所需类似工作经历	其　他

📖 7.3　意识

一、标准要求

> 组织应确保在其控制下工作的人员意识到:
> a)环境方针;
> b)与他们的工作相关的重要环境因素和相关的实际或潜在的环境影响;
> c)他们对环境管理体系有效性的贡献,包括对提高环境绩效的贡献;
> d)不符合环境管理体系要求,包括未履行组织合规义务的后果。

二、标准理解与应用

对环境方针的认知不应当理解为需要熟记承诺,或在组织控制下工作的人员保存有文件化信息的环境方针的文本。而是这些人员应当意识到环境方针的存在、环境方针的目的及他们在实现承诺中所起的作用,包括他们的工作如何能影响组织履行其合规义务的能力。

组织可将与环境保护有关的内容纳入企业文化之中,并适当实施对员工环境保护意识的培训,通过培训可确保他们能够理解最高管理者的环境管理意图,把环境方针作为日常工作或劳动的座右铭,把相关要求贯彻到实际的运行活动中。

组织还应通过培训或沟通,使在组织控制下的相关工作人员意识到与他们工作相关的重要环境因素和相关的实际或潜在的环境影响,并通过培训获得环境管理和运行控制活动所需的必要的知识,以便他们可以更好更积极地为提升环境管理体系有效性做出贡献,包括对提升环境绩效的贡献,以及当发生不符合环境管理体系要求的环境事件,包括未履行组织的合规义务的后果。

📖 7.4　信息交流

7.4.1　总则

一、标准要求

> 组织应建立、实施并保持与环境管理体系有关的内部与外部信息交流所需的过程,包括:
> a)信息交流的内容;
> b)信息交流的时机;
> c)信息交流的对象;
> d)信息交流的方式。

策划信息交流过程时,组织应:

——必须考虑其合规义务;

——确保所交流的环境信息与环境管理体系形成的信息一致且真实可信。

组织应对其环境管理体系相关的信息交流做出响应。

适当时,组织应保留文件化信息,作为其信息交流的证据。

二、标准理解与应用

信息交流或沟通是组织与员工之间,组织与相关方之间,以及员工与员工之间的思想与感情的传递和反馈的过程,以求对事物的理解达成一致和感情的通畅。信息交流或沟通的价值在于可以有效和高效地解决问题。为实现信息交流或沟通,应保持组织的信息畅通。

信息交流使组织能够提供并获得与其环境管理体系相关的信息,包括与其重要环境因素、环境绩效、合规义务和持续改进建议相关的信息。信息交流是一个双向的过程,包括在组织的内部和外部。

组织在建立其信息交流过程时,应当考虑内部组织结构,以确保与最适当的职能和层次进行信息交流。

组织应确定与环境管理相关的内部和外部沟通的需求,包括:

1. 信息交流的内容,明确需要交流的信息的具体事项和内容;

2. 何时进行信息交流,规定在何时进行信息的交流最为合适;

3. 与谁进行信息交流,明确信息交流的范围和交流的对象;

4. 如何进行信息交流,明确信息交流的途径和方式,可以是区域网、电子邮件或会议。

针对不同的信息内容,组织还应明确谁负责交流,即针对不同的交流事项,确定实施信息交流的具体担当者或职责。

组织在策划信息交流过程时,应:

——考虑其合规义务;

——确保所交流的环境信息与环境管理体系形成的信息一致性,确保其真实可信。

组织应对其环境管理体系相关的信息交流时的回馈信息做出响应。

信息交流应当具有下列特性:

1. 透明化,即组织对其获得报告内容的方式是公开的;

2. 适当性,以使信息满足相关方的需求,并促使其参与;

3. 真实性,不误导那些相信信息报告的人员;

4. 事实性、准确性与可信性;

5. 不排除相关信息;

6. 使相关方可理解。

信息交流应作为变更管理一部分。关于信息交流的附加信息见 GB/T 24063。

通常情况下,组织与环境管理体系有关的内部与外部信息交流的过程,如图 3-4-1 所示。

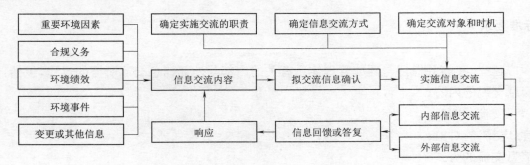

图 3-4-1   信息交流过程示意图

按照图 3-4-1 所描述的信息交流过程,组织通常需要梳理出与内、外部信息交流有关的具体事项,表 3-4-2 也许是一个比较有用的工具。

表 3-4-2 环境信息交流清单

需交流事项和内容	交流目的	交流时机	交流范围或对象	交流方式	担当者

适当时,组织应保留与信息交流相关的文件化信息,作为其信息交流的证据。

7.4.2 内部信息交流

一、标准要求

组织应:

a)在其各职能和层次间就环境管理体系的相关信息进行内部信息交流,适当时,包括交流环境管理体系的变更;

b)确保其信息交流过程使其控制下工作的人员能够为持续改进做出贡献。

二、标准理解与应用

组织应在各职能和层次间建立信息交流和沟通的渠道,就环境管理体系的相关信息,包括重要环境因素、应履行的合规义务、环境方针和目标等,以及有关环境管理体系的变更信息进行内部信息交流。

组织应通过信息交流,提升相关人员的环境保护意识,确保其信息交流过程能够促使在其控制下工作的人员对持续改进做出贡献。

7.4.3 外部信息交流

一、标准要求

组织应按其合规义务的要求及其建立的信息交流过程,就环境管理体系的相关信息进行外部信息交流。

二、标准理解与应用

通常,组织采用一种方式可能就足以满足多个不同相关方的需求,而对于个别相关方提出的特殊需求,则可能需要多种信息交流方式。

组织所接收的信息可能包括相关方对组织环境因素管理有关的特定信息的需求,或可能包括对组织实施管理的方式的总体印象或看法。这些印象和看法可能是正面或是负面的。若是负面看法(例如:投诉),则重要的是组织要及时给出清晰的回复,这点对组织至关重要,如不能及时给投诉者予以合理和清晰的答复,导致投诉升级,则对组织构成巨大威胁。

组织对这些投诉进行事后分析能得出有价值的信息,可用于寻找改进环境管理体系的机会。

7.5 文件化信息

7.5.1 总则

一、标准要求

> 组织的环境管理体系应包括：
>
> a)本标准要求的文件化信息；
>
> b)组织确定的实现环境管理体系有效性所必需的文件化信息。
>
> 注：不同组织的环境管理体系文件化信息的复杂程度可能不同，取决于：
>
> ——组织的规模及其活动、过程、产品和服务的类型；
>
> ——证明履行其合规义务的需要；
>
> ——过程的复杂性及其相互作用；
>
> ——在组织控制下工作的人员的能力。

二、标准理解与应用

ISO 14001标准所要求的保持的文件化信息，包括：

1. 范围应作为文件化信息予以保持(4.3)。

2. 环境方针应以文件化信息的形式予以保持(5.2)。

3. 组织应保持需要应对的风险和机遇的文件化信息(6.1.1)。

4. 组织应保持6.1.1~6.1.4中所需过程的文件化信息(6.1.1)。

5. 组织应保持环境因素及相关环境影响的文件化信息(6.1.2)。

6. 组织应保持用于确定其重要环境因素的准则的文件化信息(6.1.2)。

7. 组织应保持重要环境因素的文件化信息(6.1.2)。

8. 组织应保持其合规义务的文件化信息(6.1.3)。

9. 组织应保持环境目标的文件化信息(6.2.1)。

10. 组织应保持必要程度的文件化信息，以确信过程已按策划得到实施(8.1)。

11. 组织应保持必要程度的文件化信息，以确信过程能按策划得到实施(8.2)。

ISO 14001标准所要求的保留的文件化信息，包括：

1. 组织应保留适当的文件化信息作为能力的证据(7.2)。

2. 适当时，组织应保留文件化信息，作为其信息交流的证据(7.4.1)。

3. 组织应保留适当的文件化信息，作为监视、测量、分析和评价结果的证据(9.1.1)。

4. 组织应保留文件化信息，作为合规性评价结果的证据(9.1.2)。

5. 组织应保留文件化信息，作为审核方案实施和审核结果的证据(9.2.2)。

6. 组织应保留文件化信息，作为管理评审结果的证据(9.3)。

7. 组织应保留文件化信息作为不符合的性质和所采取的任何后续措施，以及任何纠正措施的结果等事项的证据(10.2)。

组织可以根据自行需要，确定所需的实现环境管理体系有效性的文件化信息。不同组织的环境管理体系文件化信息的复杂程度可能不同，取决于：

——组织的规模及其活动、过程、产品和服务的类型；

——证明履行其合规义务的需要；

　　——过程的复杂性及其相互作用；

　　——在组织控制下工作的人员的能力。

　　为便于对文件化信息的管理，组织可参照表 3-4-3 的内容，保持一份文件化信息的清单。

表 3-4-3　文件化信息清单

序　号	标　题	编　号	适用范围	创建时间	作　者	负责部门	备　注

📖 7.5.2　创建和更新

一、标准要求

　　创建和更新文件化信息时，组织应确保适当的：

　　a)识别和说明(例如：标题、日期、作者或参考文件编号)；

　　b)形式(例如：语言文字、软件版本、图表)和载体(例如：纸质的、电子的)；

　　c)评审和批准，以确保适宜性和充分性。

二、标准理解与应用

　　组织应当创建并保持充分的文件化信息，以确保实施适宜、充分和有效的环境管理体系。在创建和更新文件化信息过程中，组织首要关注点应当放在环境管理体系的实施和环境绩效，而非复杂的文件化信息控制系统。

　　在创建和更新文件化信息时，组织应确保适当的：

　　1. 识别和说明(如标题、日期、作者或参考文件编号)。

　　2. 形式(如语言文字、软件版本、图表)和载体(如纸质的、电子的)。

　　3. 评审和批准，以确保文件化信息的适宜性和充分性。

　　除了 ISO 14001 标准特定条款所要求的文件化信息外，组织可针对透明性、责任、连续性、一致性、培训，或易于审核等目的，选择创建附加的文件化信息。

　　组织可使用最初并非以环境管理体系的目的而创建的文件化信息，如质量管理体系。环境管理体系的文件化信息可与组织实施的其他管理体系信息相整合。文件化信息不一定以手册的形式呈现，组织可根据管理的需要自我决定是否形成环境管理手册，这对规模以上的组织而言，可能是需要的。

　　需要时，组织可参照图 3-4-2 所给出的过程，规定对文件化信息的管理要求。

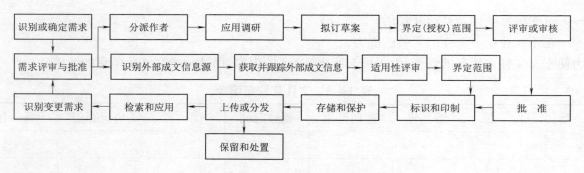

图 3-4-2　文件化信息管理过程

7.5.3　文件化信息的控制

一、标准要求

环境管理体系及本标准要求的文件化信息应予以控制,以确保其:

a)在需要的时间和场所均可获得并适用;

b)受到充分的保护(例如:防止失密、不当使用或完整性受损)。

为了控制文件化信息,组织应进行以下适用的活动:

——分发、访问、检索和使用;

——存储和保护,包括保持易读性;

——变更的控制(例如:版本控制);

——保留和处置。

组织应识别所确定的对环境管理体系策划和运行所需的来自外部的文件化信息,适当时,应对其予以控制。

注:"访问"可能指仅允许查阅文件化信息的决定,或可能指允许并授权查阅和更改文件化信息的决定。

二、标准理解与应用

组织应对 ISO 14001 标准和其自身环境管理体系要求的文件化信息予以控制,以确保其:

1. 在需要的时间和场所均可获得并适用。

2. 对其进行充分的保护,防止失密、不当使用或完整性受损。

为了控制文件化信息,组织应进行以下适用的活动:

1. 确定分发范围,实施分发控制;

2. 规定电子文档的访问,包括查阅和更改文件化信息的授权;

3. 检索和使用,可规定不同的文件化信息的检索途径和方式,以及如何正确使用文件化信息;

4. 存储和保护,包括保持易读性;

5. 为防止误用作废版本,需规定对变更的控制(如:版本控制),包括对不同版本的标识;

6. 应考虑规定为积累知识或司法目的需要保留适当范围失效的文件化信息的方式,以及对作为文件化信息的处置方式和方法,防止因处置不当导致组织的核心商业机密和技术信息流失。

组织应识别所确定的对环境管理体系策划和运行所需的来自外部的文件化信息,适当时,应对其予以控制。

外部的文件化信息可能来源于有关相关方,包括政府监管机构、法律法规、标准和规范的发布部门。

第五节　运　行

8.1　运行策划和控制

一、标准要求

　　组织应建立、实施、控制并保持满足环境管理体系要求以及实施 6.1 和 6.2 所识别的措施所需的过程,通过:

　　——建立过程的运行准则;

　　——按照运行准则实施过程控制。

　　注:控制可包括工程控制和程序。控制可按层级(例如:消除、替代、管理)实施,并可单独使用或结合使用。

　　组织应对计划内的变更进行控制,并对非预期变更的后果予以评审,必要时,应采取措施降低任何不利影响。

　　组织应确保对外包过程实施控制或施加影响。应在环境管理体系内规定对这些过程实施控制或施加影响的类型与程度。

　　从生命周期观点出发,组织应:

　　a)适当时,制定控制措施,确保在产品或服务的设计和开发过程中,落实其环境要求,此时应考虑其生命周期的每一阶段;

　　b)适当时,确定产品和服务采购的环境要求;

　　c)与外部供方(包括合同方)沟通组织的相关环境要求;

　　d)考虑提供与产品或服务的运输或交付、使用、寿命结束后处理和最终处置相关的潜在重大环境影响的信息的需求。

　　组织应保持必要程度的文件化信息,以确信过程已按策划得到实施。

二、标准理解与应用

　　组织应建立、实施、控制并保持满足环境管理体系要求以及实施 6.1 和 6.2 所识别的措施所需的运行过程,实施运行策划。

　　组织应通过运行策划建立过程的运行准则,并按照运行准则实施过程控制,如图 3-5-1 所示。

　　运行控制的类型和程度取决于运行的性质、风险和机遇、重要环境因素及合规义务。

　　组织可灵活选择确保过程有效和实现预期结果所需的运行控制方法的类型,可以是单一或组合方式。

　　组织运行控制方法可能包括:

　　1. 设计一个或多个防止错误并确保一致性结果的过程;

　　2. 运用技术来控制一个或多个过程并预防负面结果(即工程控制);

　　3. 任用能胜任的人员,确保获得预期结果;

　　4. 按规定的方式实施一个或多个过程;

　　5. 监视或测量一个或多个过程,以检查结果;

　　6. 确定所需使用的文件化信息及其数量。

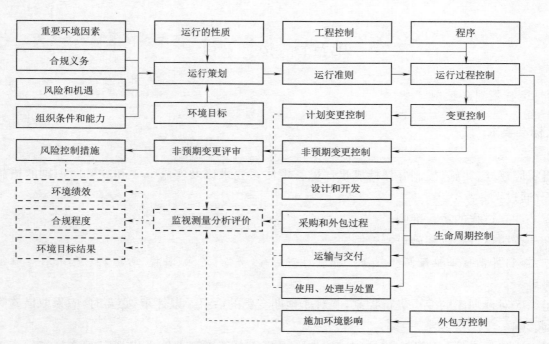

图 3-5-1   过程运行控制示意图

组织在其自身业务过程(例如:采购过程)中所需的控制程度,为对外包过程或对产品和服务的供方进行控制或施加影响,其决定应当基于对下列因素:

——知识、能力和资源,包括:

(1)外部供方满足组织环境管理体系要求的能力;

(2)组织确定适当控制或评价控制充分性的技术能力。

——产品和服务对组织实现其环境管理体系预期结果的能力所具有的重要性和潜在影响;

——对过程控制进行共享的程度;

——通过采用其常规的采购过程,实现所必要的控制的能力;

——可获得的改进机会。

当一个过程被外包或当产品和服务由外部供方提供时,组织实施控制或施加影响的能力可能发生由直接控制向有限控制或不能影响的变化。

某些情况下,发生在组织现场的外包过程可能直接受控;而另一些情况下,组织影响外包过程或外部供方的能力可能是有限的。

在确定与外部供方(包括合同方)有关的运行控制的程度和类型时,组织可考虑以下一个或多个因素,例如:

——环境因素和相关的环境影响;

——与其制造产品或提供服务相关的风险和机遇;

——组织的合规义务。

运行控制的信息应作为变更管理的一部分。关于生命周期观点的信息见本章第三节的 6.1.2 条款的标准理解与应用部分。

外包过程是满足下述所有条件的一种过程:

——在环境管理体系的范围之内;

——对于组织的运行是必需的;

——对实现组织环境管理体系预期结果是必需的;

　　——组织负有符合要求的责任；

　　——组织与外部供方存在一定关系，此时，相关方会认为该过程是由组织实施的。

　　环境要求是组织建立并与其相关方（例如：采购、顾客、外部供方等内部职能）建立并与其进行沟通的，与环境相关的组织的需求和期望。

　　组织的某些重大环境影响可能发生在产品或服务的运输、交付、使用、寿命结束后处理或最终处置阶段。通过提供信息，组织有可能预防或减轻这些生命周期阶段的不利环境影响。

📖 8.2　应急准备和响应

一、标准要求

　　组织应建立、实施并保持对 6.1.1 中识别的潜在紧急情况进行应急准备并做出响应所需的过程。

　　组织应：

　　a) 通过策划措施做好响应紧急情况的准备，以预防或减轻它所带来的不利环境影响；

　　b) 对实际发生的紧急情况做出响应；

　　c) 根据紧急情况和潜在环境影响的程度，采取相适应的措施预防或减轻紧急情况带来的后果；

　　d) 可行时，定期试验所策划的响应措施；

　　e) 定期评审并修订过程和策划的响应措施，特别是发生紧急情况后或进行试验后；

　　f) 适当时，向有关的相关方，包括在组织控制下工作的人员提供应急准备和响应相关的信息和培训。

　　组织应保持必要程度的文件化信息，以确信过程按策划得到实施。

二、标准理解与应用

　　组织应以一种适合于其特别需求的方式，对紧急情况做出准备和响应，这应是每个组织的责任。

　　紧急情况是非预期的或突发的事件，需要紧急采取特殊应对能力、资源或过程加以预防或减轻其实际或潜在的后果。紧急情况可能导致有害环境影响或对组织造成其他影响。

　　组织在确定潜在的紧急情况（例如：火灾、化学品溢出、恶劣天气）时，应当考虑以下内容：

　　——现场危险物品（例如：易燃液体、储罐、压缩气体）的性质；

　　——紧急情况最有可能的类型和规模；

　　——附近设施（例如：工厂、道路、铁路线）发生紧急情况的可能性。

　　组织可根据需要编制应急预案，包括应急人员和应急物质准备，以及针对紧急情况下减少可能存在或产生的新的重要环境因素所造成的环境影响的程度所需应急响应措施等。应急预案宜考虑规定在紧急事件发生后，组织需实施相应的环境修复的相关要求。

　　组织应建立、实施并保持对 6.1.1 中识别的潜在紧急情况进行应急准备并做出响应所需的过程，如图 3-5-2 所示。

　　组织在策划应急准备和响应过程时，应当考虑以下方面：

　　1. 响应紧急情况的最适当的方法；

　　2. 内部和外部信息交流过程；

　　3. 预防或减轻环境影响所需的措施；

　　4. 针对不同类型紧急情况所采取的减轻和响应措施；

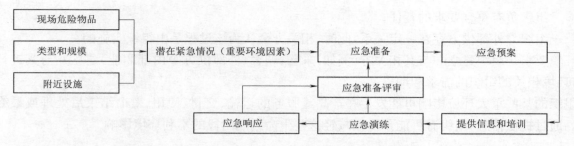

图 3-5-2　应急准备和响应过程示意图

5. 紧急情况后评估的需要以确定并实施纠正措施；

6. 定期试验策划的应急响应措施；

7. 对应急响应人员进行培训；

8. 关键人员和救助机构名录,包括详细的联系方式(例如:消防部门、泄漏清理服务部门)；

9. 疏散路线和集合地点；

10. 从邻近组织获得相互援助的可能性。

第六节　绩 效 评 价

9.1　监视、测量、分析和评价

9.1.1　总则

一、标准要求

组织应监视、测量、分析和评价其环境绩效。

组织应确定:

a)需要监视和测量的内容；

b)适用时的监视、测量、分析与评价的方法,以确保有效的结果；

c)组织评价其环境绩效所依据的准则和适当的参数；

d)何时应实施监视和测量；

e)何时应分析和评价监视和测量结果。

适当时,组织应确保使用和维护经校准或经验证的监视和测量设备。

组织应评价其环境绩效和环境管理体系的有效性。

组织应按其合规义务的要求及其建立的信息交流过程,就有关环境绩效的信息进行内部和外部信息交流。

组织应保留适当的文件化信息,作为监视、测量、分析和评价结果的证据。

二、标准理解与应用

环境绩效是组织对其环境因素实施管理所得到的可测量的结果。

组织应监视、测量、分析和评价与环境因素的管理有关的绩效。对于环境管理体系,可能依据组织的环境方针、环境目标或其他准则,运用参数来测量其绩效结果。

组织应：

1. 确定需要监视和测量的内容，包括与其绩效有关的活动、过程、产品（包括服务）、体系或组织的管理。当确定应当监视和测量的内容时，除了环境目标的进展外，组织还应当考虑其重要环境因素、合规义务和运行控制。

2. 适用的（也就是能够做到则必须做到），与环境绩效有关的参数的监视、测量、分析与评价的方法，以确保有效的结果。

组织应当在其环境管理体系中规定进行监视、测量、分析和评价所使用的方法，以确保：

（1）监视和测量的时机与分析和评价结果的需求相协调；

（2）监视和测量的结果是可靠的、可重现的和可追溯的；

（3）分析和评价是可靠的和可重现的，并能使组织报告趋势。

3. 确定其评价其环境绩效所依据的准则和适当的参数。参数即是对运行、管理或状况的条件或状态的可度量的表述。

4. 分别确定何时实施针对其与环境绩效有关的事项的监视和测量。

5. 确定何时应分析和评价监视和测量结果，并向具有职责和权限的人报告对环境绩效分析和评价的结果以便启动适当的措施。

当发生需要使用监视和测量资源实施对环境参数进行监视或测量时，在适当时，组织应确保使用和维护经校准或经验证的监视和测量设备。

组织和相关人员可参照图 3-6-1 所给出的框架图，进一步理解和应用 ISO 14001 标准 9.1.1 的要求。

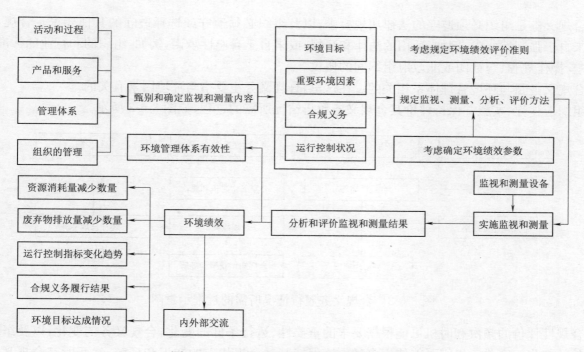

图 3-6-1　监视、测量、分析和评价框架图

组织应依据监视、测量、分析和评价的结果对其环境绩效和环境管理体系的有效性做出评价，包括诸如：

1. 资源的消耗量减少的数量；

2. 废弃物的排放量减少的数量；

3. 运行控制指标变化趋势；

4. 合规义务履行结果；

5. 环境目标达成情况等。

组织应按其合规义务的要求及其建立的信息交流过程,就有关环境绩效的信息进行内部和外部信息交流。

组织应保留适当的文件化信息,作为监视、测量、分析和评价结果的证据。

关于环境绩效评价的附加信息见 GB/T 24031。

📖 9.1.2　合规性评价

一、标准要求

> 组织应建立、实施并保持评价其合规义务履行情况所需的过程。
>
> 组织应:
>
> a)确定实施合规性评价的频次;
>
> b)评价合规性,必要时采取措施;
>
> c)保持其合规情况的知识和对其合规状况的理解。
>
> 组织应保留文件化信息,作为合规性评价结果的证据。

二、标准理解与应用

合规义务是组织必须遵守的法律法规要求,以及组织必须遵守或选择遵守的其他要求。合规义务可能来自于强制性要求,例如:适用的法律和法规,或来自于自愿性承诺,例如:组织的和行业的标准、合同规定、操作规程、与社团或非政府组织间的协议。

合规义务是与环境管理体系相关的。在这里,合规义务主要指与环境因素有关的。

组织应建立、实施并保持评价其合规义务履行情况所需的过程,如图 3-6-2 所示。

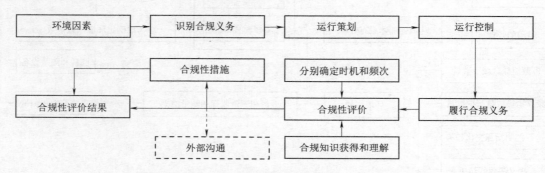

图 3-6-2　合规义务履行情况所需的过程示意图

合规性评价的频次和时机可能根据要求的重要性、运行条件的变化、合规义务的变化,以及组织以往绩效的变化而变化。组织可能使用多种方法保持其对合规状态的知识和理解,然而所有合规义务均需定期予以评价。

为便于组织评价并保留合规性评价结果的证据,在这里,我们提供一种简单的表单,供相关组织参考选用,见表 3-6-1。

表 3-6-1　合规义务评价表

环境因素	合规义务要求	合规措施	合规记录	合规程度	评价者	评价时间

　　如果合规性评价结果表明未遵守法律法规要求,组织则需要确定并采取必要措施以实现合规。这可能需要与监管部门进行沟通,并就采取一系列措施满足其法律法规要求签订协议。协议一经签订,则成为合规义务。

　　若不合规项通过环境管理体系过程已予以识别并纠正,则不合规项不必升级为不符合。与合规性相关的不符合,即使尚未导致实际的针对法律法规要求的不合规项,也需要予以纠正。

　　组织需保持与其合规情况有关的知识和对其合规状况的理解。

　　组织应保留文件化信息,作为合规性评价结果的证据。

📖 9.2　内部审核

9.2.1　总则

一、标准要求

> 　　组织应按计划的时间间隔实施内部审核,以提供下列环境管理体系的信息:
> 　　a)是否符合:
> 　　　　1)组织自身环境管理体系的要求;
> 　　　　2)本标准的要求。
> 　　b)是否得到了有效的实施和保持。

二、标准理解与应用

　　审核是指获取审核证据并予以客观评价,以判定审核准则满足程度的系统的、独立的、形成文件的过程。其内部审核通常由组织自行实施执行或由外部其他方代表其实施。

　　"审核证据"包括与审核准则相关且可验证的记录、事实陈述或其他信息;而"审核准则"则是指与审核证据进行比较时作为参照的一组方针、程序或要求。

　　针对一些组织的管理体系包含多个管理体系要求时,审核可以是结合审核(结合两个或多个领域)。

　　组织应对内部审核过程进行策划,并按计划的时间间隔实施内部审核,其审核结果应可以说明组织的环境管理体系是否符合 ISO 14001 标准和组织自身环境管理体系的要求,以及是否得到了有效的实施和保持。

　　为便于组织和相关人员更好地理解内部审核过程,在这里我们给出了内部审核的基本过程,提供参考,如图 3-6-3 所示。

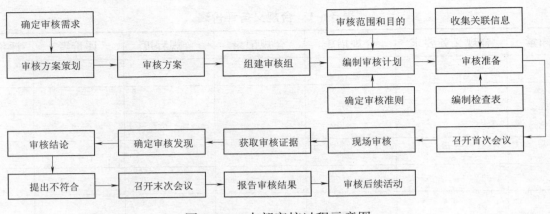

图 3-6-3　内部审核过程示意图

📖 9.2.2　内部审核方案

一、标准要求

组织应建立、实施并保持一个或多个内部审核方案,包括实施审核的频次、方法、职责、策划要求和内部审核报告。

建立内部审核方案时,组织必须考虑相关过程的环境重要性、影响组织的变化以及以往审核的结果。

组织应:

a)规定每次审核的准则和范围;

b)选择审核员并实施审核,确保审核过程的客观性与公正性;

c)确保向相关管理者报告审核结果。

组织应保留文件化信息,作为审核方案实施和审核结果的证据。

二、标准理解与应用

组织应建立、实施并保持一个或多个内部审核方案,包括实施审核的频次、方法、职责、策划要求和内部审核报告。

审核方案是组织针对特定时间段所策划并具有特定目标的一组(一次或多次)审核的安排。

审核方案应包括在规定的期限内有效和高效地组织和实施审核所需的信息和资源,并可以包括以下内容:

——审核方案和每次审核的目标;

——审核的范围与程度、数量、类型、持续时间、地点、日程安排;

——审核方案的程序;

——审核准则;

——审核方法;

——审核组的选择;

——所需的资源,包括交通和食宿;

——处理保密性、信息安全、健康与安全,以及其他类似事宜的过程。

组织在建立内部审核方案时,必须考虑相关过程的环境重要性、影响组织的变化以及以往审核的结果。在考虑以往的审核结果时,组织应当考虑以下内容:

1. 以往识别的不符合及所采取措施的有效性;

2. 内外部审核的结果。

审核应由与被审核活动无责任关系、无偏见和无利益冲突的人员进行,以证实其独立性。

无论何地,只要可行,审核员均应当独立于被审核的活动,并应当在任何情况下均以不带偏见、不带利益冲突的方式进行审核。

针对内部审核,组织应:

1. 规定每次审核的准则和范围;

2. 选择审核员并实施审核,确保审核过程的客观性与公正性;

3. 确保向相关管理者报告审核结果。

内部审核所识别的不符合应采取适当的纠正措施。

关于制定内部审核方案、实施环境管理体系审核并评价审核人员能力的附加信息见 GB /T 19011。内审方案的信息应作为变更管理的一部分。

📖 9.3 管理评审

一、标准要求

最高管理者应按计划的时间间隔对组织的环境管理体系进行评审,以确保其持续的适宜性、充分性和有效性。

管理评审应包括对下列事项的考虑:

a)以往管理评审所采取措施的状况;

b)以下方面的变化:

    1)与环境管理体系相关的内外部问题;

    2)相关方的需求和期望,包括合规义务;

    3)其重要环境因素;

    4)风险和机遇。

c)环境目标的实现程度;

d)组织环境绩效方面的信息,包括以下方面的趋势:

    1)不符合和纠正措施;

    2)监视和测量的结果;

    3)其合规义务的履行情况;

    4)审核结果。

e)资源的充分性;

f)来自相关方的有关信息交流,包括抱怨;

g)持续改进的机会。

管理评审的输出应包括:

——对环境管理体系的持续适宜性、充分性和有效性的结论;

——与持续改进机会相关的决策;

——与环境管理体系变更的任何需求相关的决策,包括资源;

——环境目标未实现时需要采取的措施;

——如需要,改进环境管理体系与其他业务过程融合的机遇;

——任何与组织战略方向相关的结论。

组织应保留文件化信息,作为管理评审结果的证据。

二、标准理解与应用

管理评审是由组织的最高管理者按照策划的安排,对其组织的环境管理体系进行的评审,其目的是确保组织的环境管理体系持续的适宜性、充分性和有效性。

"适宜性"指环境管理体系如何适合于组织、其运行、文化及业务系统。"充分性"指组织的环境管理体系是否符合 ISO 14001 标准要求并予以适当地实施。"有效性"指组织的环境管理体系是否正在实现所预期的结果。

管理评审是最高管理者对与其组织环境保护有关的战略层面的决策过程,是通过对诸多信息和事项的考虑基础上所进行的询证决策,包括:

1. 以往管理评审所采取措施的状况;

2. 以下方面的变化:

(1)与环境管理体系相关的内外部问题;

(2)相关方的需求和期望,包括合规义务;

(3)其重要环境因素;

(4)风险和机遇。

3. 环境目标的实现程度;

4. 组织环境绩效方面的信息,包括以下方面的趋势:

(1)不符合和纠正措施;

(2)监视和测量的结果;

(3)其合规义务的履行情况;

(4)审核结果,包括内部审核和外部审核结果。

5. 资源的充分性;

6. 来自相关方的有关信息交流,包括抱怨;

7. 持续改进的机会。

管理评审应当是高层次的,不必对详尽信息进行彻底评审,应是较为宏观和具有战略意义的决策活动。组织没有必要,也不需要同时处理所有管理评审主题,评审可在一段时期内开展,并可能成为定期安排的管理活动的一部分,例如:董事会议或运营会议。

对很多组织而言,没有必要把管理评审作为一项单独的活动。在接受审核,包括外部审核之前,组织只需将当期所有针对其管理评审的主题事项进行评审的相关证据汇总,并列出清单,应是可行的,见表 3-6-2。

表 3-6-2　管理评审信息汇总清单

评审时间	主题事项	参加人员	评审输出	评审证据	响应措施	责任部门	备注

最高管理者应当评审来自相关方的抱怨,以确定改进的机会。

管理评审的输出应包括:

1. 对环境管理体系的持续适宜性、充分性和有效性的结论;

2. 与持续改进机会相关的决策;

3. 与环境管理体系变更的任何需求相关的决策,包括资源需求;

4. 环境目标未实现时需要采取的措施;

5. 如需要,改进环境管理体系与其他业务过程融合的机遇,进行有关管理体系要求的整合;

6. 任何与组织战略方向相关的结论。

管理评审的信息应作为变更管理的一部分。

第七节　改　　进

10.1　总则

一、标准要求

组织应确定改进的机会(见 9.1,9.2 和 9.3),并实施必要的措施,实现其环境管理体系的预期结果。

二、标准理解与应用

改进是指提高绩效的活动。

组织采取措施改进时应当考虑环境绩效分析和评价、合规性评价、内部审核和管理评审的结果。

改进的示例包括纠正措施、持续改进、突破性变更、革新和重组。

10.2　不符合和纠正措施

一、标准要求

发生不符合时,组织应:

a)对不符合做出响应,适用时:

　　1)采取措施控制并纠正不符合;

　　2)处理后果,包括减轻不利的环境影响。

b)通过以下方式评价消除不符合原因的措施需求,以防止不符合再次发生或在其他地方发生:

　　1)评审不符合;

　　2)确定不符合的原因;

　　3)确定是否存在或是否可能发生类似的不符合。

c)实施任何所需的措施;

d)评审所采取的任何纠正措施的有效性;

e)必要时,对环境管理体系进行变更。

纠正措施应与所发生的不符合造成影响(包括环境影响)的重要程度相适应。

组织应保留文件化信息作为下列事项的证据:

——不符合的性质和所采取的任何后续措施；

——任何纠正措施的结果。

二、标准理解与应用

不符合是指未满足要求。不符合通常与 ISO 14001 标准要求及组织自身规定的附加的环境管理体系要求有关。

纠正措施是为消除不符合的原因并预防再次发生所采取的措施。一项不符合可能由不止一个原因导致。

不符合和纠正措施过程,如图 3-7-1 所示。

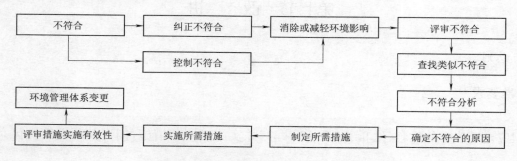

图 3-7-1　不符合和纠正措施过程示意图

1. 当发生不符合时,组织首先应对不符合做出响应,适用时:

(1)采取措施控制并纠正不符合;

(2)处理后果,包括减轻不利的环境影响。

2. 组织应通过以下方式评价消除不符合原因的措施需求,以防止不符合再次发生或在其他地方发生:

(1)评审不符合;

(2)确定不符合的原因;

(3)确定是否存在或是否可能发生类似的不符合。

3. 实施任何所需的措施;

4. 评审所采取的任何纠正措施的有效性;

5. 必要时,对环境管理体系进行变更。

纠正措施应与所发生的不符合造成影响(包括环境影响)的重要程度相适应。

环境管理体系的主要目的之一是作为预防性的工具。预防措施的概念目前包含在 ISO 14001 标准 4.1 条款(即理解组织及其所处的环境)和 ISO 14001 标准 6.1 条款(即应对风险和机遇的措施)中。

组织应保留文件化信息作为下列事项的证据:

1. 不符合的性质和所采取的任何后续措施;

2. 任何纠正措施的结果。

📖 10.3　持续改进

一、标准要求

组织应持续改进环境管理体系的适宜性、充分性与有效性,以提升环境绩效。

二、标准理解与应用

持续改进是不断提升绩效的活动。提升绩效是指运用环境管理体系,提升符合组织的环境方针的环境绩效。

持续改进活动不必同时发生于所有领域,也并非不能间断。

支持持续改进的措施的等级、程度与时间表由组织确定。通过整体运用环境管理体系或改进其一个或多个要素,可能提升环境绩效。

复习思考题

一、判断题

1. 组织所确定与其环境有关的外部和内部问题应包括受组织影响的或能够影响组织的环境状况。
(　　)

2. 组织应确定与环境管理体系有关的相关方中哪些将成为其合规义务的需求和期望。
(　　)

3. 组织在确定环境管理体系范围时应考虑其实施控制与施加影响的权限和能力。
(　　)

4. 组织的所有活动、产品和服务均须纳入已确定范围的环境管理体系之中。
(　　)

5. 组织建立并保持环境管理体系时,应考虑在理解组织及其所处的环境和相关方的需求和期望过程中所获得的知识。
(　　)

6. 最高管理者应支持其他相关管理人员在其职责范围内证实其领导作用。
(　　)

7. 环境方针应适合于组织的宗旨和组织所处的环境,包括其活动、产品和服务的性质、规模和环境影响。
(　　)

8. 最高管理者应确保在组织内部分配并沟通相关角色的职责和权限。
(　　)

9. 组织应确定其环境管理体系范围内的那些可能具有环境影响的潜在紧急情况。
(　　)

10. 组织应保持需要应对的风险和机遇的文件化信息。
(　　)

11. 组织应在所界定的环境管理体系范围内,确定其活动、产品和服务中能够控制和能够施加影响的环境因素及其相关的环境影响。此时应考虑生命周期的观点。
(　　)

12. 重要环境因素可能导致与不利环境影响(威胁)或有益环境影响(机会)相关的风险和机遇。
(　　)

13. 在建立和运行环境管理体系过程中,组织应确定并获取所有的合规义务。
(　　)

14. 合规义务可能会给组织带来风险和机遇。
(　　)

15. 当策划应对风险和机遇的措施时,组织应考虑其可选技术方案、财务、运行和经营要求。
(　　)

16. 在建立环境目标时必须考虑组织的重要环境因素及相关的合规义务,并考虑其风险和机遇。
(　　)

17. 组织应考虑如何能将实现环境目标的措施融入其业务过程。
(　　)

18. 组织应确定对其环境绩效和履行合规义务的能力有影响的人员所需的能力。
(　　)

19. 组织应确保在其控制下工作的人员意识到与他们的工作相关的重要环境因素和相关的实际或潜在的环境影响。
(　　)

20. 组织只需建立、实施并保持与环境管理体系有关的内部信息交流所需的过程。
(　　)

21. 组织应识别所确定的对环境管理体系策划和运行所需的来自外部的文件化信息,并适当时,应

对其予以控制。　　　　　　　　　　　　　　　　　　　　　　　　　（　　）

22. 组织应对非计划内的变更进行控制。　　　　　　　　　　　　　（　　）

23. 从生命周期观点出发,组织应考虑提供与产品或服务的运输或交付、使用、寿命结束后处理和最终处置相关的潜在重大环境影响的信息的需求。　　　　　　　（　　）

24. 组织应根据紧急情况和潜在环境影响的程度,采取相适应的措施预防或减轻紧急情况带来的后果。　　　　　　　　　　　　　　　　　　　　　　　　　　（　　）

25. 组织应确定评价其环境绩效所依据的准则和适当的参数。　　　　（　　）

26. 组织应保持其合规状况的知识和对其合规状况的理解。　　　　　（　　）

27. 组织在建立内部审核方案时必须考虑相关过程的环境重要性、影响组织的变化以及以往审核的结果。　　　　　　　　　　　　　　　　　　　　　　　　（　　）

28. 管理评审应当是高层次的,不必对详尽信息进行彻底评审。　　　（　　）

29. 组织应确定改进的机会并实施必要的措施实现其环境管理体系的预期结果。　（　　）

30. 组织应对不符合做出响应,适用时,处理其后果,包括减轻不利的环境影响。　（　　）

31. 通过整体运用环境管理体系或改进其一个或多个要素,可能提升环境绩效。　（　　）

二、单 选 题

1. 组织应确定与其宗旨相关并影响其实现环境管理体系预期结果的能力的(　　)。

A. 外部问题　　　　　　　　　　　　　　B. 内部问题

C. 外部和内部问题　　　　　　　　　　　D. 仅限于外部问题

2. 组织所确定与其宗旨相关并影响其实现环境管理体系预期结果的能力的外部和内部问题,应包括(　　)环境状况。

A. 受组织影响的　　　　　　　　　　　　B. 能够影响组织的

C. 所有区域的　　　　　　　　　　　　　D. A+B

3. 可能影响组织目的或受组织环境影响的环境状况,包括(　　)。

A. 气候、空气和水质量　　　　　　　　　B. 土地使用和现存污染

C. 自然资源的可获得性与生物多样性　　　D. A+B+C

4. 组织应确定(　　)。

A. 与环境管理体系有关的相关方　　　　　B. 这些相关方的有关需求和期望

C. 这些需求和期望中哪些将成为其合规义务　D. A+B+C

5. 在理解相关方的需求和期望时,组织应(　　)。

A. 确定所有的相关方

B. 确定所有相关方的需求和期望

C. 确定合规义务

D. 确定与环境管理体系有关相关方的需求和期望中哪些要求将成为合规义务

6. 组织确定环境管理体系范围时,应考虑(　　)。

A. 4.1所提及的内、外部问题和4.2所提及的合规义务

B. 其组织单元、职能和物理边界,以及其活动、产品和服务

C. 其实施控制与施加影响的权限和能力

D. 以上都对

7. 在所界定的环境管理体系范围内,组织的所有活动、产品和服务(　　)环境管理体系。

A. 均须纳入　　　　　　　　　　　　　　B. 不一定全部纳入

C. 可根据组织的能力确定纳入   D. 以上都对

8. 组织应按照 ISO 14001 标准建立、实施、保持并持续改进环境管理体系,包括(　　)。

A. 所需的过程   B. 其相互作用

C. 过程的顺序   D. A+B

9. 组织根据 ISO 14001 标准的要求建立、实施、保持并持续改进环境管理体系,包括所需的过程及其相互作用,其目的是为(　　)。

A. 实现其预期结果   B. 提高其环境绩效

C. 实现环境目标   D. A+B

10. 组织应考虑如何获得和应用与 ISO 14001 标准(　　)条款关联的知识。

A. 4.1   B. 4.2

C. 4.1 和 4.2   D. 4.3

11. (　　)对环境管理体系的有效性负责。

A. 管理者代表   B. 各级管理者

C. 环保部经理   D. 最高管理者

12. 最高管理者应支持其他(　　)在其职责范围内证实其领导作用。

A. 各级管理者   B. 相关管理人员

C. 所有管理人员   D. 环保部经理

13. 最高管理者应在确定的环境管理体系范围内(　　)环境方针。

A. 建立   B. 实施

C. 保持   D. A+B+C

14. 环境方针应适合于组织的宗旨和组织所处的环境,包括其(　　)。

A. 活动、产品和服务的性质   B. 规模

C. 环境影响   D. 以上都是

15. 环境方针应包括(　　)。

A. 保护环境的承诺,其中包含污染预防及其他与组织所处环境有关的特定承诺

B. 履行其合规义务的承诺

C. 持续改进环境管理体系以提高环境绩效的承诺

D. A+B+C

16. 环境方针应(　　)。

A. 保持文件化信息   B. 在组织内得到沟通

C. 可为相关方获取   D. A+B+C

17. 最高管理者应确保在组织内部(　　)相关角色的职责和权限。

A. 分配   B. 沟通

C. 分配并沟通   D. 分配并授权

18. (　　)向最高管理者报告环境管理体系的绩效,包括环境绩效。

A. 所有的管理者   B. 相关管理者

C. 管理者代表   D. 被授权的管理者

19. 组织应确定与(　　)相关的需要应对的风险和机遇。

A. 环境因素   B. 合规义务

C. 4.1 和 4.2 中识别的其他问题和要求   D. 以上都是

20. 组织应确定与环境因素、合规义务、4.1 和 4.2 中识别的其他问题和要求相关的需要应对的风

险和机遇,以(   )。

    A. 确保环境管理体系能够实现其预期结果

    B. 预防或减少不期望的影响,包括外部环境状况对组织的潜在影响

    C. 实现持续改进

    D. A+B+C

  21. 组织在确定潜在的紧急情况(例如:火灾、化学品溢出、恶劣天气)时,应当考虑(   )内容。

    A. 现场危险物品(例如:易燃液体、贮油箱、压缩气体)的性质

    B. 紧急情况最有可能的类型和规模

    C. 附近设施(例如:工厂、道路、铁路线)的潜在紧急情况

    D. 以上全部

  22. 组织应在所界定的环境管理体系范围内,确定其活动、产品和服务中(   )的环境因素及其相关的环境影响。

    A. 能够施加影响   B. 能够控制

    C. 能够控制和能够施加影响   D. 所有的

  23. 确定环境因素时,组织必须考虑(   )。

    A. 变更,包括已纳入计划的或新的开发

    B. 新的或修改的活动、产品和服务

    C. 异常状况和可合理预见的紧急情况

    D. 以上全部

  24. 可能与环境因素有关的准则包括(   )等。

    A. 类型   B. 规模

    C. 频次   D. A+B+C

  25. 组织应(   )。

    A. 确定并获取与其环境因素有关的合规义务

    B. 确定如何将这些合规义务应用于组织

    C. 在建立、实施、保持和持续改进其环境管理体系时必须考虑这些合规义务

    D. 以上都对

  26. 组织应策划采取措施管理其(   )。

    A. 重要环境因素   B. 合规义务

    C. 按照 6.1.1 要求所识别的风险和机遇   D. A+B+C

  27. 组织应针对其(   )建立环境目标。

    A. 所有职能和层次   B. 相关职能和层次

    C. 组织层面   D. 环保主管部门

  28. 组织建立环境目标时必须考虑其组织的(   )。

    A. 重要环境因素   B. 相关的合规义务

    C. 风险和机遇   D. A+B+C

  29. 组织应考虑如何能将实现(   )的措施融入其业务过程。

    A. 环境目标   B. 管理方案

    C. 预期输出   D. B+C

  30. 环境管理体系的基础设施资源包括组织的(   )等。

    A. 建筑   B. 设备

C. 地下储罐和排水系统　　　　　　　　　　D. A＋B＋C

31. 环境管理体系的资源不包括（　　　）。

A. 人力资源　　　　　　　　　　　　　　　　B. 自然资源和基础设施

C. 技术和财务资源　　　　　　　　　　　　D. 环境绩效评价准则

32. 组织应确定在其控制下工作,对组织（　　　）的能力有影响的人员所需的能力。

A. 环境绩效　　　　　　　　　　　　　　　　B. 履行合规义务

C. 环境绩效和履行合规义务　　　　　　　　D. 环境目标

33. 获得所必需的能力的适当措施可能包括（　　　）。

A. 向现有员工提供培训、指导　　　　　　　B. 重新分配工作

C. 聘用、雇佣能胜任的人员　　　　　　　　D. A＋B＋C

34. 组织应确保在其控制下工作的人员意识到与他们的工作相关的（　　　）。

A. 重要环境因素　　　　　　　　　　　　　　B. 实际的环境影响

C. 潜在的环境影响　　　　　　　　　　　　D. A＋B＋C

35. 策划信息交流过程时,组织应（　　　）。

A. 考虑其合规义务

B. 确保所交流的环境信息与环境管理体系形成的信息一致且真实可信

C. 考虑环境污染事件

D. A＋B

36. 组织应确保所交流的（　　　）一致且真实可信。

A. 环境信息

B. 环境管理体系形成的信息

C. 环境信息与环境管理体系形成的信息

D. 重要环境因素的信息

37. 组织应对其环境管理体系相关的信息交流做出（　　　）。

A. 反应　　　　　　　　　　　　　　　　　　B. 响应

C. 反馈　　　　　　　　　　　　　　　　　　D. B＋C

38. 组织应在其（　　　）间就环境管理体系的相关信息进行内部信息交流。

A. 各职能　　　　　　　　　　　　　　　　　B. 各层次

C. 各职能和层次　　　　　　　　　　　　　D. 有关职能和层次

39. 组织应确保其信息交流过程使（　　　）能够为持续改进做出贡献。

A. 所有的人员　　　　　　　　　　　　　　　B. 其控制下工作的人员

C. 适当范围的外来人员　　　　　　　　　　D. 在其控制下工作的内部人员

40. 组织应按其合规义务的要求及其建立的信息交流过程,就环境管理体系的相关信息进行（　　　）交流。

A. 内部信息　　　　　　　　　　　　　　　　B. 内外部信息

C. 外部信息　　　　　　　　　　　　　　　　D. 以上全对

41. 不同组织的环境管理体系文件化信息的复杂程度可能不同,取决于（　　　）。

A. 组织的规模及其活动、过程、产品和服务的类型

B. 证明履行其合规义务的需要

C. 过程的复杂性及其相互作用

D. 以上全对

42. 创建和更新文件化信息时,组织应确保适当的(   )。

A. 识别和说明
B. 形式和载体

C. 评审和批准
D. A+B+C

43. 环境管理体系及 ISO 14001 标准要求的文件化信息应予以控制,以确保其(   )。

A. 在需要的时间可获得并适用

B. 在需要的场所均可获得并适用

C. 受到充分的保护

D. A+B+C

44. 为了控制文件化信息,组织应进行以下(   )的活动。

A. 分发、访问、检索和使用

B. 存储和保护,包括保持易读性

C. 变更的控制

D. A+B+C

45. 组织应(   )所确定的对环境管理体系策划和运行所需的来自外部的文件化信息。

A. 识别和分发
B. 识别

C. 适当时,应对其予以控制
D. 识别和控制

46. 组织应建立、实施、控制并保持满足环境管理体系要求以及实施(   )所识别的措施所需的过程。

A. 6.1
B. 6.2

C. 6.2.2
D. 6.1 和 6.2

47. 运行控制可包括(   )。

A. 工程控制
B. 作业控制

C. 程序
D. 工程控制和程序

48. 控制可按(   )的层级实施,并可单独使用或结合使用。

A. 消除
B. 替代

C. 管理
D. A+B+C

49. 组织应建立、实施并保持对(   )中识别的潜在紧急情况进行应急准备并做出响应所需的过程。

A. 6.1.1
B. 6.1.3

C. 6.1.1 和 6.1.3
D. 6.1.4

50. 组织应通过策划措施做好响应紧急情况的准备,以(   )它所带来的不利环境影响。

A. 预防
B. 减轻

C. 避免
D. 预防或减轻

51. 组织应根据(   ),采取相适应的措施预防或减轻紧急情况带来的后果。

A. 紧急情况

B. 潜在环境影响的程度

C. 紧急情况和环境影响的程度

D. 紧急情况和潜在环境影响的程度

52. 适用时,组织应向有关的相关方,包括(   )提供与应急准备和响应相关的信息和培训。

A. 组织内工作人员
B. 在组织控制下工作的人员

C. 外来人员

D. 以上全对

53. 组织应监视、测量、分析和评价其（　　　）。

A. 环境目标和指标

B. 环境结果

C. 环境绩效

D. 以上全部

54. 组织应评价其（　　　）的有效性。

A. 环境管理

B. 环境运行控制

C. 环境目标

D. 环境绩效和环境管理体系

55. 组织应按其合规义务的要求及其建立的信息交流过程,就有关环境绩效的信息进行（　　　）信息交流。

A. 内部

B. 外部

C. 内部和外部

D. 以上全部

56. 组织应保持其（　　　）。

A. 合规状况的知识

B. 对其合规状况的理解

C. 合规状况的知识和对其合规情况的理解

D. 以上都不对

57. 组织应按计划的时间间隔实施内部审核,以提供其环境管理体系是否得到了有效的（　　　）的信息。

A. 实施

B. 保持

C. 控制

D. 实施和保持

58. 建立内部审核方案时,组织必须考虑（　　　）。

A. 相关过程的环境重要性

B. 影响组织的变化

C. 以往审核的结果

D. A＋B＋C

59. 组织采取措施改进时应当考虑（　　　）的结果。

A. 环境绩效分析和评价

B. 合规性评价

C. 内部审核和管理评审

D. A＋B＋C

60. 发生不符合时,组织应对不符合做出响应,适用时,包括（　　　）。

A. 采取措施控制并纠正不符合

B. 处理后果,包括减轻不利的环境影响

C. 消除不符合

D. A＋B

61. 组织应通过（　　　）方式评价消除不符合原因的措施需求,以防止不符合再次发生或在其他地方发生。

A. 评审不符合

B. 确定不符合的原因

C. 确定是否存在或是否可能发生类似的不符合

D. A＋B＋C

三、多选题

1. 组织应确定与其宗旨相关并影响其实现环境管理体系预期结果的能力的（　　　）。

A. 外部问题

B. 内部问题

C. 受组织影响的环境状况

D. 能够影响组织的环境状况

2. 组织应确定（   ）。

A. 与环境管理体系有关的相关方

B. 这些相关方的有关需求和期望

C. 这些需求和期望中哪些将成为其合规义务

D. 所有相关方的需求和期望

3. 组织确定环境管理体系范围时,应考虑（   ）。

A. 4.1 所提及的内、外部问题和 4.2 所提及的合规义务

B. 其组织单元、职能和物理边界

C. 以及其活动、产品和服务

D. 其实施控制与施加影响的权限和能力

4. 组织根据 ISO 14001 标准的要求建立、实施、保持并持续改进环境管理体系,包括所需的过程及其相互作用,其目的是为了（   ）。

A. 提升环境管理体系绩效   B. 履行合规义务

C. 实现环境目标   D. 消除环境因素

5. 最高管理者应证实其在环境管理体系方面的领导作用和承诺,通过（   ）。

A. 对环境管理体系的有效性负责

B. 确保建立环境方针和环境目标,并确保其与组织的战略方向及所处的环境相一致

C. 确保将环境管理体系要求融入组织的业务过程

D. 就有效环境管理的重要性和符合环境管理体系要求的重要性进行沟通

6. 保护环境的其他特定承诺可包括（   ）。

A. 资源的可持续利用   B. 减缓和适应气候变化

C. 保护生物多样性   D. 保护生态系统

7. 策划环境管理体系时,组织应考虑（   ）。

A. 4.1 所提及的问题   B. 4.2 所提及的要求

C. 其环境管理体系的范围   D. 需要应对的风险和机遇

8. 确定环境因素时,组织必须考虑（   ）。

A. 变更,包括已纳入计划的或新的开发

B. 新的或修改的活动、产品和服务

C. 异常状况

D. 可合理预见的紧急情况

9. 产品或服务的典型生命周期阶段包括（   ）。

A. 原材料获取   B. 设计和生产

C. 运输和(或)交付、使用   D. 寿命结束后处理和最终处置

10. 确定其环境因素时,组织可能考虑（   ）事项。

A. 向大气、水体和土地的排放

B. 原材料、自然资源和能源的使用

C. 能量释放,例如:热能、辐射、振动(噪声)和光能

D. 废物和(或)副产品的产生,以及空间的使用

11. 组织应当考虑与其活动、产品和服务相关的环境因素,诸如（   ）。

A. 其设施、过程、产品和服务的设计和开发

B. 原材料的获取,包括开采

C. 设施、组织资产和基础设施的运行和维护

D. 外部供方的环境绩效和实践

12. 可能与环境影响有关的准则包括(　　)等。

A. 规模　　　　　　　　　　　　　　B. 严重程度

C. 持续时间　　　　　　　　　　　　D. 暴露时间

13. 组织应(　　)。

A. 确定并获取与其环境因素有关的合规义务

B. 确定如何将这些合规义务应用于组织

C. 在建立、实施、保持和持续改进其环境管理体系时必须考虑这些合规义务

D. 保持其合规义务的文件化信息

14. 当策划针对组织的重要环境因素、合规义务,以及所识别的风险和机遇的措施时,组织应考虑其(　　)。

A. 可选技术方案　　　　　　　　　　B. 财务

C. 运行要求　　　　　　　　　　　　D. 经营要求

15. 环境目标应(　　)。

A. 与环境方针一致,并可测量(如可行)　　B. 得到监视

C. 予以沟通　　　　　　　　　　　　D. 适当时予以更新

16. 在策划如何实现环境目标时,组织应确定(　　)。

A. 要做什么　　　　　　　　　　　　B. 需要什么资源

C. 由谁负责和何时完成　　　　　　　D. 如何评价结果

17. 标准提及的获得所必需的能力的适当措施可能包括(　　)。

A. 向现有员工提供培训和指导　　　　B. 重新分配工作

C. 聘用、雇佣胜任的人员　　　　　　D. 外派进修

18. 组织应确保在其控制下工作的人员意识到(　　)。

A. 环境方针和环境目标

B. 与他们的工作相关的重要环境因素和相关的实际或潜在的环境影响

C. 他们对环境管理体系有效性的贡献,包括对提升环境绩效的贡献

D. 不符合环境管理体系要求,包括未履行组织合规义务的后果

19. 环境信息交流过程应包括(　　)。

A. 信息交流的内容　　　　　　　　　B. 信息交流的时机

C. 信息交流的对象　　　　　　　　　D. 信息交流的方式

20. 不同组织的环境管理体系文件化信息的复杂程度可能不同,取决于(　　)。

A. 组织的规模及其活动、过程、产品和服务的类型

B. 证明履行其合规义务的需要

C. 过程的复杂性及其相互作用

D. 在组织控制下工作的人员的能力

21. 创建和更新文件化信息时,组织应确保适当的(　　)。

A. 识别和说明　　　　　　　　　　　B. 形式与载体

C. 存储和保护　　　　　　　　　　　D. 评审和批准

22. 为了控制文件化信息,适用时,组织应采取(　　)措施。

A. 分发、访问、检索和使用

B. 存储和保护,包括保持易读性

C. 变更的控制(例如:版本控制)

D. 保留和处置

23. 运行控制的类型和程度取决于(　　　)。

A. 运行的性质　　　　　　　　　　　B. 风险和机遇

C. 重要环境因素　　　　　　　　　　D. 合规义务

24. 从生命周期观点出发,组织应(　　　)。

A. 适当时,制定控制措施,确保在产品或服务设计和开发过程中,落实其环境要求,此时应考虑其生命周期的每一阶段

B. 适当时,确定产品和服务采购的环境要求

C. 与外部供方(包括合同方)沟通组织的相关环境要求

D. 考虑提供与产品或服务的运输或交付、使用、寿命结束后处理和最终处置相关的潜在重大环境影响的信息的需求

25. 组织运行控制方法可能包括(　　　)。

A. 设计一个或多个防止错误并确保一致性结果的过程

B. 运用技术来控制一个或多个过程并预防负面结果(即工程控制)

C. 按规定的方式实施一个或多个过程

D. 确定所需使用的文件化信息及其数量

26. 在实施应急准备和响应过程中,组织应(　　　)。

A. 通过策划的措施做好响应紧急情况的准备,以预防或减轻它所带来的不利环境影响

B. 根据紧急情况和潜在环境影响的程度,采取相适应的措施预防或减轻紧急情况带来的后果

C. 定期评审并修订过程和策划的响应措施,特别是发生紧急情况后或进行试验后

D. 适当时,向有关的相关方,包括组织控制下工作的人员提供与应急准备和响应相关的信息和培训

27. 组织应确定(　　　)。

A. 需要监视和测量的内容

B. 适用时的监视、测量、分析与评价的方法,以确保有效的结果

C. 组织评价其环境绩效所依据的准则和适当的参数

D. 何时应实施监视和测量,以及何时应分析和评价监视和测量结果

28. 组织实施合规性评价的频次和时机可能根据(　　　)而变化。

A. 要求的重要性　　　　　　　　　　B. 运行条件的变化

C. 合规义务的变化　　　　　　　　　D. 组织以往绩效的变化

29. 组织应(　　　)。

A. 确定实施合规性评价的频次

B. 评价合规性,必要时采取措施

C. 保持其合规状况的知识和对其合规状况的理解

D. 保留文件化信息,作为合规性评价结果的证据

30. 组织应建立、实施并保持一个或多个内部审核方案,包括实施审核的(　　　)。

A. 频次和方法　　　　　　　　　　　B. 职责

C. 策划要求　　　　　　　　　　　　D. 内部审核报告

31. 组织应(　　　)。

A. 规定每次审核的准则和范围

B. 选择审核员并实施审核,确保审核过程的客观性与公正性

C. 确保向相关管理者报告审核结果

D. 保留文件化信息,作为审核方案实施和审核结果的证据

32. 管理评审应考虑以下方面的变化(　　)。

A. 与环境管理体系相关的内、外部问题

B. 相关方的需求和期望,包括合规义务

C. 其重要环境因素

D. 风险和机遇

33. 管理评审输入应考虑与组织环境绩效方面有关的信息,包括(　　)方面的趋势。

A. 不符合和纠正措施

B. 监视和测量的结果

C. 其合规义务的履行情况

D. 审核结果

34. 管理评审的输出应包括(　　)。

A. 对环境管理体系的持续适宜性、充分性和有效性的结论

B. 如需要环境目标未实现时采取的措施

C. 如需要,改进环境管理体系与其他业务过程融合的机遇

D. 任何与组织战略方向相关的结论

35. 环境管理体系改进的示例包括(　　)。

A. 纠正措施 　　　　　　　　　　　　B. 持续改进

C. 突破性变更 　　　　　　　　　　　D. 创新和重组

36. 组织应保留文件化信息作为(　　)事项的证据。

A. 不符合的性质

B. 所采取的任何后续措施

C. 任何纠正措施的结果

D. 采取措施所需的资源

四、思 考 题

1. ISO 14001:2015 标准强调了有关风险和机遇的要求,请阐述标准中哪些条款涉及风险和机遇的输入? 以及组织如何应对风险和机遇?

2. 与 ISO 14001:2004 版标准相比较,ISO 14001:2015 版标准增加了哪些要求或减少弱化了哪些要求?

3. 请根据 ISO 14001:2015 标准的相关要求,简述预期结果与环境绩效的关系。

4. 请根据 ISO 14001:2015 标准的要求,阐述对"7.2 能力"的审核要点。

5. 对变更的管理是组织保持环境管理体系,以确保能够持续实现其环境管理体系预期结果的一个重要组成部分,请概述 ISO 14001:2015 标准中哪些条款的具体要求中提出对变更相关的管理,并举例说明。

6. ISO 14001:2015 标准更加强调了有关环境绩效的要求,请阐述新版标准从哪些方面体现了关于环境绩效的要求?

7. 组织关于运行策划和控制的类型和程序取决于什么,及所需要控制的范围都有哪些?

8. 应对风险和机遇措施组织应考虑哪些方面的要求及实现措施的目的？

9. 组织在确定环境因素时，考虑的情况有哪些，常运用哪些方法？

10. 组织的环境方针包含哪些承诺？与组织履行其合规义务的承诺有哪些需求？

11. 结合自身熟悉的行业，需要从哪些方面确定环境因素，确定的环境因素有哪些？

12. 组织在建立环境应急和响应过程中，应考虑哪些方面？

第四章　环境管理体系审核

第一节　术语和定义

一、审　核

1. 术语定义

> 为获得审核证据并对其进行客观的评价,以确定满足审核准则的程度所进行的系统的、独立的并形成文件的过程。
>
> 注1:内部审核,有时称第一方审核,由组织自己或以组织的名义进行,用于管理评审和其他内部目的(例如确认管理体系的有效性或获得用于改进管理体系的信息),可作为组织自我合格声明的基础。在许多情况下,尤其在中小型组织内,可以由与正在被审核的活动无责任关系、无偏见以及无利益冲突的人员进行,以证实独立性。
>
> 注2:外部审核包括第二方审核和第三方审核。第二方审核由组织的相关方,如顾客或由其他人员以相关方的名义进行。第三方审核由独立的审核组织进行,如监管机构或提供认证或注册的机构。
>
> 注3:当两个或两个以上不同领域的管理体系(如质量、环境、职业健康安全)被一起审核时,称为结合审核。
>
> 注4:当两个或两个以上审核组织合作,共同审核同一个受审核方时,称为联合审核。

2. 术语释义

(1)审核是为了获得审核证据并对其进行客观的评价,以确定满足审核准则的程度的过程。在审核过程中,审核员可通过各种适宜的方法收集审核证据,并依据审核准则对审核证据进行客观的评价,以判断其满足审核准则的程度,从而得出审核的结论。

(2)审核是一个系统的、独立的并形成文件的过程。

①所谓"系统的过程"是指审核是由诸多正式、有序的并与审核事项有关的活动组成。如外部审核由监管机构或提供认证或注册的机构的监管或审核人员按照合同和审核方案或监管方案进行,内部审核由经组织最高管理者授权的内部审核人员按照审核方案和审核计划进行。无论是外部审核,还是内部审核,都是有组织、有计划并按规定的程序所进行的一组相互关联和相互作用的审核活动,因此,审核是系统的过程和活动。

②所谓"独立的过程"是指审核是一项客观、公正的活动,必须以审核准则为依据,尊重事实和证据,不屈服于任何压力,不迁就任何不合理的要求,因此,作为内部审核人员不应审核自己的工作,应由与正在被审核活动无责任关系、无偏见以及无利益冲突的人员进行。

③所谓"形成文件的过程"是指审核的实施情况及其结果均要适当地形成文件,如审核方案、审核计划、检查表、抽样计划、审核记录、不符合报告、审核报告等。

(3)审核的对象可以是环境管理体系、质量管理体系、职业健康安全管理体系、能源管理体系或信息安全管理体系等。根据不同的审核对象,可将审核分为环境管理体系审核、质量管理体系审核、职业健康安全管理体系审核、能源管理体系或信息安全管理体系等不同的类型。

（4）审核可以基于不同的目的，根据不同的审核目的，可将审核分为"内部审核"和"外部审核"两类。

①内部审核，有时称为第一方审核，是由组织自己或以组织的名义进行的审核。内部审核可以用于管理评审（如内审结果作为管理评审的输入）和其他内部目的（例如确认管理体系的有效性或获得用于改进管理体系的信息），可作为组织自我合格声明的基础（如组织通过实施内审来证实其环境管理体系符合环境管理体系标准的要求）。

②外部审核包括"第二方审核"和"第三方审核"。第二方审核是由组织的相关方（如顾客）或由其他人员以相关方的名义进行的审核。第三方审核由是外部独立的审核组织（如经认可的认证机构）进行的认证注册审核或是由政府监管机构所进行的监管审核。

（5）当不同审核的对象（如环境管理体系和质量管理体系）被一起审核时，称为"结合审核"。

（6）由两个或两个以上的审核组织合作共同对同一个受审核方进行的审核，称为"联合审核"。

二、审核准则

1. 术语定义

用于与审核证据进行比较的一组方针、程序或要求。

注：如果审核准则是法律法规要求，术语"合规"或"不合规"常用于审核发现。

2. 术语释义

（1）审核准则应是与审核证据有关的一组方针、程序或要求，是审核员作为判断审核证据符合性的依据。

（2）审核准则可以是适用于组织的一组方针、程序、法律法规、管理体系要求、合同要求或行业规范、与组织产品和服务，以及过程相关的技术标准等。

（3）不同类型或不同目的的审核，其审核准则不尽相同。例如：以认证注册为目的的第三方审核，其审核准则主要是管理体系要求、适用的法律法规、行业规范和标准，以及受审核方的管理体系文件等。以选择合格供方为目的的第二方审核，其审核准则主要是合同或供方评价准则要求，及相关的法律法规和供方的管理体系文件等。以评价其自身管理体系运行状况和实现其方针和目标能力为目的的第一方审核，其审核准则主要是组织的环境方针、适用的法律法规要求和管理体系标准及过程要求等。

三、审核证据

1. 术语定义

与审核准则有关并能够证实的记录、事实陈述或其他信息。

注：审核证据可以是定性的或定量的。

2. 术语释义

（1）审核证据是与审核准则有关的能够证实并且可验证的记录、事实陈述或其他信息。审核证据也被称之为客观证据。在审核过程中，审核员可以通过查阅文件化信息，包括文件和记录、听取有关责任人员的口头陈述、现场观察、实际测定等方式来获得所需要的信息。作为审核证据的信息应该是与审核准则有关的、真实的、客观存在的，并可以追溯的。在审核过程中，审核员不一定，也没必要对其他审核员所获得的信息进行逐一的证实，但在需要时，这些信息应该是能够被证实或验证的。注意，不能证实或验证的信息不能作为审核证据。

（2）审核证据应该与审核准则有关。例如：在进行环境管理体系的第三方审核时，其审核准则应包括环境管理体系要求，但不应包括质量管理体系要求，因此，质量管理体系方面的信息不应作为环境管理体系第三方审核的审核证据。

（3）审核证据可以是定性的（如工作人员的环境意识），也可以是定量（如环境影响程度）的信息。

四、审核发现

1. 术语定义

将收集的审核证据对照审核准则进行评价的结果。

注 1：审核发现表明符合或不符合。

注 2：审核发现可引导识别改进的机会或记录良好实践。

注 3：如果审核准则选自法律法规要求或其他要求，审核发现可表述为合规或不合规。

2. 术语释义

（1）审核发现是审核员在审核过程中将所收集到的与审核准则有关的并且能够证实的记录、事实陈述或其他信息对照审核准则进行评价的结果，包括符合性信息，也包括不符合性信息。

（2）审核发现所评价的对象是所收集的审核证据，评价的依据是审核准则，评价的结果可能是符合审核准则的，也可能是不符合审核准则的。当评价的目的是为了发现过程或活动中的改进需求时，审核发现可引导组织识别改进的机会或进一步形成组织的知识。

（3）在审核过程中，如果依据法律法规或其他要求作为审核准则，则审核发现可以表述为合规或者不合规。

五、审核结论

1. 术语定义

考虑了审核目标和所有审核发现后得出的审核结果。

2. 术语释义

（1）审核结论是审核组与其认证机构在考虑了审核的目的并综合分析了所有审核发现的基础上作出的审核结果。由此可见，审核结论与审核目的和审核发现密切相关。审核发现是得出审核结论的基础；而不同目的的审核其审核结论也不尽相同。例如以认证注册为目的第三方审核，其审核结论是提出是否推荐认证注册的建议。以识别改进需求为目的的第一方审核，其审核结论是评价组织自身环境管理体系的运行的符合性和有效性，提出改进的建议。以确定合格供方能力为目的的第二方审核，其审核结论是提出是否推荐其成为组织的合格供方。

（2）每一次审核的审核结论并不是由审核组中的某一位审核员作出的，而是由审核组组长综合审核组成员全部意见后提交认证机构，最终由认证机构作出的。

（3）审核准则、审核证据、审核发现和审核结论之间存在相互关联和相互作用的关系，审核组通过收集和验证与审核准则有关的信息获得审核证据，并依据审核准则对审核证据进行评价获得审核发现，在考虑了审核目的并综合汇总分析所有审核发现的基础上作出最终的审核结论。由此可见，审核准则是判断审核证据符合性的依据，审核证据是获得审核发现的基础，审核发现是作出审核结论的基础。

六、审核委托方

1. 术语定义

要求审核的组织或人员。

注：对于内部审核，审核委托方可以是受审核方或审核方案管理人员；对于外部审核，可以是监管机构、合同方或潜在用户。

2. 术语释义

（1）审核委托方不一定完全就是受审核方，只要是依据法律或合同规定有权提出审核要求的任何组织或人员都可以成为审核委托方，包括受审核方的上级组织、合同方或采购商以及可能的战略合作伙伴等，也包括政府监管机构。

（2）对于内部审核，审核委托方也可能是受审核方或审核方案管理人员。对于外部审核，审核委托方可以是监管机构、合同方或组织的潜在顾客。

七、受审核方

1. 术语定义

> 被审核的组织。

2. 术语释义

（1）受审核方可以是被审核的一个完整组织，也可以是组织的一部分（如某企业的一些部门或车间，某集团公司的某一子公司或子公司所属的分厂等）。

（2）受审核方的作用可包括：

①将审核的目的和范围通知有关人员，接受审核；

②向审核组指派向导，并向审核组提供所需要的资源（如临时办公场所、交通等）；

③当审核员提出要求时，为其使用有关设施和证明材料提供便利；

④配合审核组实施审核活动使审核目的得以实现；

⑤必要时，实施审核后续活动（如确定并实施纠正措施）。

八、审 核 员

1. 术语定义

> 实施审核的人员。

2. 术语释义

（1）审核员是指具备审核能力并可承担审核任务的人员。作为审核员通常应具备良好的个人职业素养，善于沟通，公平公正，熟练掌握相关管理体系的基础知识、审核的基本理论，以及具备一定的审核实践经验，并在审核活动中有效利用审核技能的人员。

（2）对于外部审核员应获得CCAA的正式注册，并被认证机构聘用。对于内部审核员而言应通过相关审核知识和技能的培训，并获得组织管理者的授权。

九、审 核 组

1. 术语定义

> 实施审核的一名或多名审核员，需要时，由技术专家提供支持。
>
> 注1：审核组中的一名审核员被指定作为审核组长。
>
> 注2：审核组可包括实习审核员。

2. 术语释义

（1）审核组是承担审核任务的一组审核员或一名审核员。审核组中的审核人员的数量取决于审核任务的大小和审核的复杂程度。

（2）当审核组中的专业审核员的力量不能支持此次审核活动时,审核组可引进技术专家参加审核组提供专业技术支持。

（3）审核组长是负责此次审核的组织者和管理者,通常是经指定的一名具有管理能力的审核组成员担当。

十、技术专家

1. 术语定义

> 向审核组提供特定知识或技术的人员。
> 注1:特定知识或技术是指与受审核的组织、过程或活动以及语言或文化有关的知识或技术。
> 注2:在审核组中,技术专家不作为审核员。

2. 术语释义

（1）技术专家是指能够在审核过程中向审核组提供特定知识或技术支持的人员。

（2）在审核活动中,技术专家不承担具体的审核任务,仅向审核组成员提供特定的知识或专业技术支持。

十一、观 察 员

1. 术语定义

> 伴随审核组但不参与审核的人员。
> 注1:观察员不属于审核组,也不影响或干涉审核工作。
> 注2:观察员可来自受审核方、监管机构或其他见证审核的相关方。

2. 术语释义

（1）在审核过程中,经审核组组长同意,观察员可伴随审核组成员审核,但不能影响和干涉审核活动。

（2）通常情况下,监管机构为了掌握认证机构所委派的审核员的职业素质和职业技能,以及履行审核职责的能力派员对认证审核质量进行监管。

（3）当需要对某个机构的审核能力,尤其是专业审核能力进行见证审核时,其见证方可委派观察员见证审核活动的充分性和专业性。

十二、向 导

1. 术语定义

> 由受审核方指定的协助审核组的人员。

2. 术语释义

（1）为了方便审核活动的展开,审核组需要受审核方提供向导资源,来协助审核员实施审核。

（2）向导的主要作用在于引导、联络和见证审核活动。

（3）需要时,向导可以协助受审核部门或受审核的区域人员正确接受审核。

十三、审核方案

1. 术语定义

> 针对特定时间段所策划并具有特定目标的一组(一次或多次)审核安排。

2. 术语释义

（1）审核方案是一组具有共同特点的审核及其相关活动（如审核策划、组织和实施审核）的安排，通常情况下需将审核方案形成文件化信息。

（2）审核方案包括"特定时间段"内需要实施的具有"特定目标"的一组审核安排。"特定时间段"可以根据不同组织的不同特点和需要来确定，例如某组织的审核方案包括该组织在某一个年度内需要实施的多次内部审核。由于在特定时间段内需要实施的一组审核可以有不同目标，因此，一个审核方案需要考虑这一组审核的总体目标，例如某组织可以针对一个年度内需要实施的以选择、评价供方为目的的第二方审核建立一个审核方案。

（3）审核方案是"策划"的结果，"策划"时应考虑包括策划、组织和实施审核所必要的所有活动，因此，审核方案应包括与审核有关的诸多活动及这些活动的安排，这些活动及活动的安排通常需要形成文件化信息。

（4）建立审核方案时，通常必须考虑相关过程的环境重要性、影响组织的变化，以及以往审核的结果。

十四、审核范围

1. 术语定义

> 审核的内容和界限。
>
> 注：审核范围通常包括对实际位置、组织单元、活动和过程，以及审核所覆盖的时期的描述。

2. 术语释义

（1）审核范围是指审核的内容和界限，也就是审核所覆盖的区域。审核范围的大小与审核的目的、受审核方的规模、性质、产品和服务、活动和过程的特点等多方面的因素有关。

（2）审核范围通常包括产品和服务、实际位置、组织单元、活动和过程及所覆盖的时期。

①"实际位置"是指受审核方所处的地理位置或其活动发生的场所位置，包括固定的、流动的和临时的位置。例如：某制造工厂座落的地址；某航空公司的航线；某施工单位的施工现场等。

②"组织单元"是指受审核的管理体系所涉及的部门、岗位、场所等，如某工厂的车间、仓库、管理部门，以及门市部等。

③"活动和过程"是指受审核的管理体系包括的活动和过程，如产品实现过程、监视测量活动等。

④"所覆盖的时期"是指受审核的管理体系实施或运行的时间段。例如：某组织每年进行一次内审，其每次内审所覆盖的时期至少一年；又如，第三认证审核的初次审核所覆盖的时期通常是从受审核方的管理体系文件实施之日起至初次现场审核之间的时间段。

⑤审核范围通常应包括所覆盖的时间段内管理体系实施和运行所涉及的地理位置、组织单元、活动和过程。

（3）组织的管理体系涉及的过程和活动、实际位置、组织单元等都直接或间接的与组织提供的产品和服务相关，在确定审核范围时要考虑组织提供的产品或服务类别。例如：某组织生产家用电冰箱和空调器，其审核的范围可以包括与家用电冰箱和空调器有关的所有活动和过程、部门/场所，实际位置。

十五、审核计划

1. 术语定义

> 对审核活动和安排的描述。

2. 术语释义

(1)审核计划描述的是具体的审核活动和活动的具体安排。审核计划是对具体的审核活动进行策划后形成的结果之一,通常应形成文件化信息。

(2)审核计划内容的详略程度与具体审核的范围和复杂程度有关。

(3)审核计划的内容通常包括审核目的、审核准则、审核范围、审核组成员以及审核活动安排等。

(4)审核计划和审核方案的区别,见表 4-1-1。

表 4-1-1　审核计划和审核方案的区别

	审核计划	审核方案
定　义	对审核活动和安排的描述	针对特定时间段所策划并具有特定目标的一组(一次或多次)审核安排
审核目标	审核活动的具体目标,是审核方案目标的一部分	一项审核方案可涉及的多次审核活动的目标(不同审核也有不同的目标)
内容范围	具体审核的活动和安排	特定时间段内具有特定目的的一组审核(包括策划、组织和实施审核所必要的所有活动)。审核方案中包括对审核计划的制定和实施的管理,还包括为实施一次具体审核提供资源所必要的所有活动和安排
性　质	文件化信息	一组具有共同特点的审核及其相关活动的集合
编制/建立者	审核方案管理人员或审核组长	审核方案的管理人员建立
关　系	计划的编制、批准、实施应符合方案的规定	方案包括对计划的制定与实施的有关要求

十六、风　　险

1. 术语定义

　　不确定性对目标的影响。

2. 术语释义

(1)风险是指在某一特定的环境和时间区间,某一事件发生的可能性或发生的概率,其发生的可能性或发生的概率越大,则风险相对就大。

(2)风险发生的不确定性对目标的影响的程度是不一样,若影响大则风险大,若影响小则风险小,因此,风险的大小取决于发生的可能性与发生后所导致的后果的严重程度。

(3)对审核活动而言,风险可谓无处不在。因此,在进行审核方案策划、编制审核计划和实施审核过程中都应对风险进行辨识,识别可能存在的风险,确定适当的控制措施,避免风险的发生。

十七、能　　力

1. 术语定义

　　应用知识和技能获得预期结果的本领。

　　注:本领表示在审核过程中个人行为的适当表现。

2. 术语释义

（1）拥有知识和技能并不能说明某一个人的能力就强，关键在于如何应用所掌握的知识和技能去实现其目标并达到预期的结果。

（2）审核过程的客观性、公正性和可信度很大程度取决于审核人员的能力。审核员的能力体现在是否具备应用相应知识和技能经过努力而获得预期的结果。

（3）审核员应具备的知识和技能可以通过适当的教育、工作经历、审核员培训和审核实践获得。审核员可以通过持续专业发展和不断地参加审核活动来发展、保持和提高能力。

十八、合格（符合）

1. 术语定义

满足要求。

2. 术语释义

（1）满足或达到其要求就是合格。要求通常是指明示的、通常隐含的或必须满足的需求和期望。

（2）在确定要求时，不仅需要识别明示的或规定的要求和法律法规所规定的必须满足的要求，还要识别更多的隐含的不言而喻的要求。

十九、不合格（不符合）

1. 术语定义

未满足要求。

2. 术语释义

（1）不满足或未达到其要求就是不合格或不满足。

（2）很多人普遍认为审核员是一种从事知识和技术含量很高的职业，但一名审核员假如在从事具体的审核活动时浓妆艳抹，则破坏了审核员在受审核方心中的职业形象，就属于没有充分识别并满足其隐含的要求。

二十、管理体系

1. 术语定义

建立方针和目标并实现这些目标的体系。

注：一个组织的管理体系可包括若干个不同的管理体系，如质量管理体系、财务管理体系或环境管理体系。

2. 术语释义

（1）相互关联或相互作用的一组要素构成一个体系。作为管理体系其主要功能就是建立方针和目标并实现这些目标。

（2）客观上，一个组织只有一个管理体系。体系要素包括组织的结构、角色和职责、策划和运行、绩效评价和改进。组织的管理体系可包括若干个不同的管理体系的管理体系要求，如环境管理体系、质量管理体系、财务管理体系或职业健康安全管理体系要求等。我们通常把包含若干个子管理体系要求的管理体系称之为管理体系。

（3）管理体系的范围可能包括整个组织，其特定的职能，其特定的部门，或跨组织的一个或多个职能。

第二节　审核活动的准备

一、审核准备阶段的文件化信息评审

1. 接受任务和获取信息

审核方案管理人员或审核组长应按照审核方案或审核任务书的安排，沟通和收集有关与审核活动有关的信息，以及受审核方的环境管理体系文件化信息和过程。

2. 文件化信息评审的目的

审核组长应评审受审核方的相关管理体系的文件化信息，以：

（1）收集信息，例如过程、职能方面的信息，以准备审核活动和适用的工作文件；

（2）了解管理体系文件化信息范围和程度的概况，以发现可能存在的差距。

通过文件化信息评审可以表明受审核方管理体系文件化信息控制的有效性。

3. 文件化信息评审需考虑的事项

审核组长在实施文件化信息评审过程中，应该考虑：

（1）文件化信息中所提供的信息是否：

①完整（文件化信息中包含所有期望的内容）；

②正确（内容符合标准和法规等可靠的来源）；

③一致（文件化信息本身以及与相关文件都是一致的）；

④现行有效（内容是最新的）。

（2）所评审的文件化信息是否覆盖审核的范围并提供足够的信息来支持审核目标；

（3）依据审核方法确定的对信息和通信技术的利用，是否有助于审核的高效实施。应依据适用的数据保护法规对信息安全予以特别关注（特别是包含在文件化信息中但在审核范围之外的信息）。

4. 文件化信息评审的范围

适用时，文件化信息可包括管理体系文件和记录，以及以往的审核报告。

实施文件化信息评审应考虑受审核方管理体系和组织的规模、性质和复杂程度以及审核目标和范围。

二、编制审核计划

1. 审核计划的编制要求

审核方案管理人员或审核组长应根据审核方案和受审核方提供的文件化信息中包含的信息编制审核计划。

审核计划应考虑审核活动对受审核方的过程的影响，并为审核委托方、审核组和受审核方之间就审核的实施达成一致提供依据。

审核计划应便于有效地安排和协调审核活动，尤其是需在识别受审核方相关过程以及过程要求的基础上，按照过程方法进行审核安排，以达到目标。

审核计划的详细程度应反映审核的范围和复杂程度，以及实现审核目标的不确定因素。

在编制审核计划时，审核方案管理人员或审核组长应考虑以下方面：

（1）适当的抽样技术；

（2）审核组的组成及其整体能力；

(3)审核对组织形成的风险。

例如,对组织的风险可以来自审核组成员的到来对于健康安全、环境和质量方面的影响,以及他们的到来对受审核方的产品、服务、人员或基础设施(例如对洁净室设施的污染)产生的威胁。

对于结合审核,应特别关注不同管理体系的操作过程与相互抵触的目标以及优先事项之间的相互作用。

2. 审核计划的内容

对于初次审核和随后的审核、内部审核和外部审核,审核计划的内容和详略程度可以有所不同。审核计划应具有充分的灵活性,以允许随着审核活动的进展进行必要的调整。

审核计划应包括或涉及下列内容:

(1)审核目标;

(2)审核范围,包括受审核的组织单元、职能单元以及过程;

(3)审核准则和引用文件;

(4)实施审核活动的地点、日期、预期的时间和期限,包括与受审核方管理者的会议;

(5)使用的审核方法,包括所需的审核抽样的范围,以获得足够的审核证据,适用时还包括抽样方案的设计;

(6)审核组成员、向导和观察员的作用和职责;

(7)为审核的关键区域配置适当的资源。

适当时,审核计划还可包括:

(1)明确受审核方本次审核的代表;

(2)当审核员和(或)受审核方的语言不同时,审核工作和审核报告所用的语言;

(3)审核报告的主题;

(4)后勤和沟通安排,包括受审核现场的特定安排;

(5)针对实现审核目标的不确定因素而采取的特定措施;

(6)保密和信息安全的相关事宜;

(7)来自以往审核的后续措施;

(8)所策划审核的后续活动;

(9)在联合审核的情况下,与其他审核活动的协调。

审核计划可由审核委托方评审和接受,并应提交受审核方。受审核方对审核计划的反对意见应在审核组长、受审核方和审核委托方之间得到解决。

三、审核组工作分配

审核组长可在审核组内协商,将对具体的过程、活动、职能或场所的审核工作分配给审核组每位成员。分配审核组工作时,应考虑审核员的独立性和能力、资源的有效利用以及审核员、实习审核员和技术专家的不同作用和职责。

适当时,审核组长应适时召开审核组会议,以分配工作并决定可能的改变。为确保实现审核目标,可随着审核的进展调整所分配的工作。

四、准备工作文件

1. 审核用工作文件的内容

审核组成员应收集和评审与其承担的审核工作有关的信息,并准备必要的工作文件,用于审核过程的参考和记录审核证据。

审核用工作文件可包括：

(1)检查表；

(2)审核抽样方案；

(3)记录信息(如支持性证据、审核发现和会议记录)的表格。

检查表和表格的使用不应限制审核活动的范围和程度,因其可随着审核中收集信息的结果而发生变化。

2.准备工作文件需考虑的事项

当准备工作文件时,审核组应针对每份文件考虑下列问题：

(1)使用这份工作文件时将产生哪些审核记录?

(2)哪些审核活动与此特定的工作文件相关联?

(3)谁将是此工作文件的使用者?

(4)准备此工作文件需要哪些信息?

对于结合审核,准备的工作文件应通过下列活动避免审核活动的重复：

——汇集不同准则的类似要求；

——协调相关检查表和问卷的内容。

工作文件应充分关注审核范围内管理体系的所有要素的要求,提供的形式可以是任何媒介。

工作文件,包括其使用后形成的记录,应至少保存到审核完成或审核计划规定的时限,并符合审核方案和程序,以及相关要求的规定。

审核组成员在任何时候应妥善保管涉及保密或知识产权信息的工作文件。

五、环境管理体系审核员应具备的能力

1.环境管理体系审核员能力

作为环境管理领域的审核员应掌握环境管理的相关知识和技能及其方法、技术、过程和实践的应用,应足以使审核员能够审核该管理体系并形成适当的审核发现和结论。

2.环境管理领域审核员专业知识和技能

环境管理领域审核员专业知识和技能通常包括：

(1)环境术语；

(2)环境指标和统计；

(3)测量科学和监测技术；

(4)生态系统和生物多样性的相互作用；

(5)环境介质(例如空气、水、土地、动物、植物)；

(6)确定风险的技术(例如环境因素和(或)影响评价,包括评价重要性的方法)；

(7)生命周期评价；

(8)环境绩效评价；

(9)污染预防和控制(例如现有最好的污染控制或能效技术)；

(10)源头削减、废弃物最少化、重新使用、回收和处理实践以及过程；

(11)有害物质的使用；

(12)温室气体排放核算和管理；

(13)自然资源管理(例如化石燃料、水、植物和动物、土地)；

(14)环境设计；

(15)环境报告和披露；

(16)产品延伸责任；

(17)可再生和低碳技术。

第三节　审核活动的实施

一、总　　则

审核活动通常按照举行首次会议、进行审核实施阶段的文件化信息的评审、进行审核过程中的沟通、进行信息的收集和验证、形成审核发现、准备审核结论、召开末次会议的顺序实施。为了适应特定的审核情况，顺序有可能不同。

二、举行首次会议

1. 首次会议的目的

首次会议的目的是：

(1)确认所有有关方(例如受审核方、审核组)对审核计划的安排达成一致；

(2)介绍审核组成员；

(3)确保所策划的审核活动能够实施。

2. 首次会议要点

审核组应与受审核方的最高管理者及适当的受审核的职能、过程的负责人一起召开首次会议。在会议期间，应提供询问的机会。

会议的详略程度应与受审核方对审核过程的熟悉程度相一致。在许多情况下，例如小型组织的内部审核，首次会议可简单地包括对即将实施的审核的沟通和对审核性质的解释。

对于其他审核情况，会议应当是正式的，并保存出席会议的人员的记录。会议应由审核组长主持。

3. 首次会议内容

适当时，首次会议应包括以下内容：

(1)介绍与会者，包括观察员和向导，并概述与会者的职责；

(2)确认审核目标、范围和准则；

(3)与受审核方确认审核计划和其他相关安排，例如末次会议的日期和时间，审核组和受审核方管理者之间的临时会议以及任何新的变动；

(4)审核中所用的方法，包括告知受审核方审核证据将基于可获得信息的样本；

(5)介绍由于审核组成员的到场对组织可能形成的风险的管理方法；

(6)确认审核组和受审核方之间的正式沟通渠道；

(7)确认审核所使用的语言(需要时)；

(8)确认在审核中将及时向受审核方通报审核进展情况；

(9)确认已具备审核组所需的资源和设施；

(10)确认有关保密和信息安全事宜；

(11)确认审核组的健康安全事项、应急和安全程序；

(12)报告审核发现的方法，包括任何分级的信息(如验证不符合和轻微不符合的划分)；

(13)有关审核可能被终止的条件的信息；

(14)有关末次会议的信息；

(15)有关如何处理审核期间可能的审核发现的信息；

（16）有关受审核方对审核发现、审核结论（包括抱怨和申诉）的反馈渠道的信息。

三、审核实施阶段的文件化信息评审

在审核过程中，审核组长或审核组成员应评审受审核方的相关文件化信息，以：

——确定文件化信息所描述的体系与审核准则的符合性；

——收集信息以支持审核活动。

只要不影响审核实施的有效性，文件化信息评审可以与其他审核活动相结合，并贯穿在审核的全过程。

如果在审核计划所规定的时间框架内提供的文件化信息不适宜、不充分，审核组长应告知审核方案管理人员和受审核方。应根据审核目标和范围决定审核是否继续进行或暂停，直到有关文件化信息的问题得到解决。

四、审核中的沟通

1. 沟通的必要性

审核过程中，审核组与受审核方，以及有关相关方进行高效和有效的沟通，有利于审核组按照审核计划的安排实现审核目的。

2. 沟通的时机和内容

在审核期间，可能有必要对审核组内部以及审核组与受审核方、审核委托方、可能的外部机构（例如监管机构）之间的沟通做出正式安排，尤其是法律法规要求强制性报告不符合的情况。

审核组应定期讨论以交换信息，评定审核进展情况，以及需要时重新分配审核组成员的工作。

在审核中，适当时，审核组长应定期向受审核方、审核委托方通报审核进展及相关情况。如果收集的证据显示受审核方存在紧急的和重大的风险，应及时报告受审核方，适当时向审核委托方报告。

在审核过程中，审核组成员对于超出审核范围之外的引起关注的问题，应予记录并向审核组长报告，以便可能时向审核委托方和受审核方通报。

当获得的审核证据表明不能达到审核目标时，审核组长应向审核委托方和受审核方报告理由以确定适当的措施。这些措施可以包括重新确认或修改审核计划，改变审核目的、审核范围或终止审核。

随着审核活动的进行，出现的任何变更审核计划的需求都应经评审，适当时，经审核方案管理人员和受审核方批准。

五、向导和观察员的作用和责任

1. 向导和观察员

向导是指由受审核方指定的协助审核组的人员。观察员是指伴随审核组但不参与审核的人员。

向导和观察员（例如来自监管机构或其他相关方的人员）可以陪同审核组，但不应影响或干扰审核的进行。如果不能确保如此，审核组长有权拒绝观察员参加特定的审核活动。

观察员应承担由审核委托方和受审核方约定的与健康安全、保安和保密相关的义务。

2. 向导和观察员的职责

受审核方指派的向导应协助审核组并根据审核组长的要求行动。他们的职责可包括：

（1）协助审核员确定面谈的人员并确认时间安排；

（2）安排访问受审核方的特定场所；

（3）确保审核组成员和观察员了解和遵守有关场所的安全规则和安全程序。

向导的作用也可包括以下方面：

——代表受审核方对审核进行见证；

——在收集信息的过程中，做出澄清或提供帮助。

六、信息的收集和验证

1. 总则

在审核中，审核人员应通过适当的抽样收集并验证与审核目标、范围和准则有关的信息，包括与职能、活动和过程间接口有关的信息。只有能够验证的信息方可作为审核证据。导致审核发现的审核证据应予以记录。在收集证据的过程中，审核组如果发现了新的、变化的情况或风险，应予以关注。

2. 信息收集方法

收集信息的方法包括：

(1)面谈；

(2)观察；

(3)文件化信息(包括文件和记录)评审。

3. 审核结论的形成过程

在审核过程中，审核员围绕着审核目的进行信息源开发，并最终形成审核结论，其主要过程及活动包括：

(1)信息源；

(2)通过适当抽样收集信息；

(3)获得审核证据；

(4)对照审核准则进行评价；

(5)形成审核发现；

(6)进行审核组评审；

(7)得出审核结论。

4. 信息源

在审核过程中，审核组成员可根据审核的范围和复杂性选择不同的信息源。

信息源可能包括：

(1)与员工和其他人员交谈；

(2)观察活动和周围的工作环境与条件；

(3)需要保持的文件化信息，例如方针、目标、计划、程序、标准、指导书、执照和许可证、规范、图纸、合同和订单；

(4)需要保留的文件化信息，例如检验记录、会议纪要、审核报告、监视方案和测量结果的记录等；

(5)数据汇总、分析和绩效指标；

(6)有关受审核方抽样方案和抽样、测量过程的控制程序的信息；

(7)其他来源的报告，例如顾客的反馈，外部调查与测量，来自外部机构和供应商评级的其他信息；

(8)数据库和网站；

(9)模拟和建模。

5. 审核抽样

(1)总则。

在审核过程中，如果检查所有可获得的信息可能是不实际或不经济的，则需进行审核抽样，例如记录太过庞大或地域分布太过分散，以至于无法对总体中的每个项目进行检查。

为了对总体形成结论，对大的总体进行审核抽样，就是在全部数据批(总体)中，选择小于100%数量的项目以获取并评价总体某些特征的证据。

审核抽样的目的是提供信息,以使审核员确信能够实现审核目标。

抽样的风险是从总体中抽取的样本也许不具有代表性,从而可能导致审核员的结论出现偏差,与对总体进行全面检查的结果不一致。其他风险可能源于抽样总体内部的变异和所选择的抽样方法。

典型的审核抽样包括以下步骤:

①明确抽样方案的目标;

②选择抽样总体的范围和组成;

③选择抽样方法;

④确定样本量;

⑤进行抽样活动;

⑥收集、评价和报告结果并形成文件化信息。

抽样时,应考虑可用数据的质量,因为抽样数量不足或数据不准确将不能提供有用的结果。应根据抽样方法和所要求的数据类型(如为了推断出特定行为模式或得出对总体的推论)选择适当的样本。

对样本的报告应考虑样本量、选择的方法以及基于这些样本和一定置信水平做出的估计。

审核可以采用条件抽样或者统计抽样。

(2)条件抽样。

条件抽样依赖于审核组成员的知识、技能和经验。

当需要采用条件抽样时,审核组成员可以考虑以下方面:

①在审核范围内的以前的审核经验;

②实现审核目标的要求的复杂性(包括法律法规要求);

③组织的过程和管理体系要素的复杂性及其相互作用;

④技术、人员因素或管理体系的变化程度;

⑤以前识别的关键风险领域和改进的领域;

⑥管理体系监视的结果。

条件抽样的缺点是,可能无法对审核发现和审核结论的不确定性进行统计估计。

(3)统计抽样。

如果决定要使用统计抽样,抽样方案应基于审核目标和抽样总体的特征。

统计抽样设计使用一种基于概率论的样本选择过程。当每个样本只有两种可能的结果时(例如正确或错误,通过或不通过)使用计数抽样。当样本的结果是连续值时使用计量抽样。

统计抽样方案应当考虑检查的结果是计数的还是计量的。例如,当要评价完成的表格与程序规定的要求的符合性时,可以使用计数抽样。当调查食品安全事件或安全漏洞的数量时,计量抽样可能更加合适。

影响审核抽样方案的关键因素是:

①组织的规模;

②胜任的审核员的数量;

③一年中审核的频次;

④单次审核时间;

⑤外部所要求的置信水平。

当制订统计抽样方案时,审核员能够接受的抽样风险水平是一个重要的考虑因素,这通常称为可接受的置信水平。例如,5%的抽样风险对应95%的置信水平。5%的抽样风险意味着审核员能够接受被检查的100个样本中有5个(或20个中有1个)不能反映其真值,该真值通过检查总体样本得出。

当使用统计抽样时,审核员应适当描述工作情况,并形成文件化信息。这应包括抽样总体的描述,用于评价的抽样准则(例如:什么是可接受的样本),使用的统计参数和方法,评价的样本数量以及获得的结果。

6. 访问受审核方场所

在现场访问中,尽量减少审核活动与受审核方工作过程的相互干扰,并确保审核组成员的健康和安全,应考虑以下方面:

(1)策划访问时:

①确保能够进入审核范围所确定的受审核方的相关场所;

②向审核员提供有关现场访问的足够信息(例如简介),这些信息涉及的方面包括安保、健康(例如检疫)、职业健康安全、文化习俗,适用时,还包括要求的预防接种和清洁;

③适用时,与受审核方确认提供审核组所需的个人防护装备(PPE);

④除了非计划的特别审核,确保受访人员知道审核目标和范围。

(2)现场活动时:

①审核员应避免任何对操作过程不必要的干扰;

②确保审核组适当地使用个人防护装备;

③确保应急程序得到沟通(例如紧急出口,集合地点);

④审核组安排沟通以尽量减少分歧;

⑤依据审核范围确定审核组的规模以及向导和观察员的数量,以尽可能的避免干扰运作过程;

⑥即使具备能力或持有执照,除非经明确许可,审核员不要触摸或者操作任何设备;

⑦如果在现场访问期间发生事件,审核组长应与受审核方(如果需要,包括审核委托方)一起评审该状况,就是否中断、重新安排或继续审核达成一致;

⑧如果拍照或是视频录像,审核员应预先征得受审核方的管理人员的同意并考虑安全和保密事宜。避免未经本人许可就给个人拍照;

⑨如果复制任何类型的文件化信息,审核员应预先征得许可并考虑保密和安全事宜;

⑩审核员进行记录时,应避免收集个人资料或信息,除非出于审核目标或是审核准则的要求。

7. 面谈

面谈是审核员在进行现场审核活动时的一种重要的收集信息的方法。

面谈应以适合于当时情境和受访人员的方式进行,面谈可以是面对面进行,也可以通过其他沟通方法。但是,审核员应考虑如下内容:

(1)受访人员应来自承担审核范围涉及的活动或任务的适当的层次和职能部门;

(2)通常在受访人员正常的工作时间和工作地点(可行时)进行;

(3)在面谈之前和面谈期间应尽量使受访人员放松;

(4)应解释面谈和做笔记的原因;

(5)面谈可以从请受访人员描述其工作开始;

(6)注意选择提问的方式(例如:开放式、封闭式、引导式提问);

(7)应与受访人员总结和评审面谈结果;

(8)应感谢受访人员的参与和合作。

七、形成审核发现

1. 如何确定审核发现

审核组应对照审核准则评价审核证据以确定审核发现。

当确定审核发现时,审核员应考虑以下内容:

(1)以往审核记录和结论的跟踪;

(2)审核委托方的要求;

(3)非常规活动的发现,或者改进的机会;

(4)样本量;

(5)审核发现的分类(如果存在这种情况)。

审核发现能表明符合或不符合审核准则。当审核计划有规定时,具体的审核发现应包括具有证据支持的符合事项和良好实践、改进机会以及对受审核方的建议。

2. 如何记录符合性审核发现

对于符合性的记录,审核员应考虑如下内容:

(1)明确判断符合的审核准则;

(2)支持符合性的审核证据;

(3)符合性陈述(适用时)。

3. 如何记录不符合性审核发现

审核员应记录不符合及支持不符合的审核证据,对于不符合的记录,审核员应考虑如下内容:

(1)描述或引用审核准则;

(2)不符合陈述;

(3)审核证据;

(4)相关的审核发现(适用时)。

审核组可以对不符合进行分级,包括轻微和严重不符合的分级,且应与受审核方一起评审不符合,以获得承认,并确认审核证据的准确性,使受审核方理解不符合。

审核组应努力解决对审核证据或审核发现有分歧的问题,并记录尚未解决的问题。

4. 如何处理与多个准则相关的审核发现

在审核中,有可能识别出与多个准则相关的审核发现。在结合审核中,当审核员识别出与一个准则相关的审核发现时,应考虑到这一审核发现对其他管理体系中相应或类似准则的可能影响。

根据审核委托方的安排,审核员也可能提出:

(1)分别对应每个准则的审核发现;

(2)与多个准则相关的一个审核发现。

根据审核委托方的安排,审核员可以指导其受审核方应对这些审核发现。审核组应根据需要在审核的适当阶段评审审核发现。

八、准备审核结论

1. 审核结论的形成

审核组在末次会议之前应充分讨论,以:

(1)根据审核目标,评审审核发现以及在审核过程中所收集的其他适当信息;

(2)考虑审核过程中固有的不确定因素,对审核结论达成一致;

(3)如果审核计划中有规定,提出建议;

(4)讨论审核后续活动(适用时)。

2. 审核结论的内容

审核结论可陈述诸如以下内容:

(1)管理体系与审核准则的符合程度和其稳健程度,包括管理体系满足所声称的目标的有效性;

（2）管理体系的有效实施、保持和改进；

（3）管理评审过程在确保管理体系持续的适宜性、充分性、有效性和改进方面的能力；

（4）审核目标的完成情况、审核范围的覆盖情况，以及审核准则的履行情况；

（5）审核发现的根本原因（如果审核计划中有要求）；

（6）为识别趋势从其他受审核领域获得的相似的审核发现。

如果审核计划中有规定，审核结论可提出改进的建议或今后审核活动的建议。

九、举行末次会议

1. 末次会议要点

审核组长应主持末次会议，提出审核发现和审核结论。参加末次会议的人员包括受审核方管理者和适当的受审核的职能、过程的负责人，也可包括审核委托方和其他有关方面。适用时，审核组长应告知受审核方在审核过程中遇到的可能降低审核结论可信程度的情况。如果管理体系有规定或与审核委托方达成协议，与会者应就针对审核发现而制定的行动计划的时间框架达成一致。

会议的详略程度应与受审核方对审核过程的熟悉程度相一致。在一些情况下，会议应是正式的，并保持会议纪要，包括出席会议的人员的记录。对于另一些情况，例如内部审核，末次会议可以不太正式，只是沟通审核发现和审核结论。

2. 末次会议的内容

适当时，末次会议应向受审核方阐明下列内容：

（1）告知受审核方所收集的审核证据是基于已获得的信息样本；

（2）报告的方法；

（3）处理审核发现的过程和可能的后果；

（4）以受审核方管理者理解和认同的方式提出审核发现和审核结论；

（5）任何相关的审核后续活动（例如纠正措施的实施、审核投诉的处理、申诉过程）。

末次会议中应讨论审核组与受审核方之间关于审核发现或审核结论的分歧，并尽可能予以解决。如果不能解决，应予以记录。

如果审核目标有规定，审核组可以在末次会议上提出改进建议，并强调该建议没有约束性。

第四节　审核报告的编制和分发

一、审核报告的编制

审核组组长通常应编制审核报告，并根据审核方案程序报告审核结果。

审核报告应提供完整、准确、简明和清晰的描述审核活动的主要内容，并至少包括或引用以下内容：

1. 审核目标；

2. 审核范围，尤其是应明确受审核的组织单元和职能单元或过程；

3. 明确审核委托方；

4. 明确审核组和受审核方在审核中的参与人员；

5. 进行审核活动的日期和地点；

6. 审核准则；

7. 审核发现和相关证据；

8. 审核结论；

9. 关于对审核准则遵守程度的陈述。

若审核活动是由认证机构委派的审核组实施,则审核报告须包括以下内容:

1. 申请组织的名称和地址;

2. 申请组织的活动范围和场所;

3. 审核的类型、准则和目的;

4. 审核组的组长、审核组的成员及其个人的注册信息;

5. 审核活动的实施日期和地点,包括固定现场和临时现场,以及对偏离审核计划的说明,包括对审核风险及影响审核结论的不确定性的客观描述;

6. 叙述审核实施所规定的程序及各项要求的审核工作情况,通常描述所识别的重点审核点的过程控制的有效性;描述为实现环境方针而在相关职能和层次上建立的环境目标是否具体适用,可测量并得到沟通和监视;描述环境管理体系覆盖的重要环境因素及相关过程和活动的管理及控制情况;描述申请组织的实际工作记录是否真实,对于审核发现的真实性存疑的证据应予以记录,并在做出审核结论及认证决定时予以考虑;描述申请组织的内部审核和管理评审的结果是否有效;描述对环境目标和环境绩效实现情况进行的评价;

7. 识别出不符合项;

8. 审核组对是否通过认证的意见建议。

适当时,审核报告还可以包括或引用以下内容:

1. 包括日程安排的审核计划;

2. 审核过程综述,包括遇到可能降低审核结论可靠性的障碍;

3. 确认在审核范围内,已按审核计划达到审核目标;

4. 尽管在审核范围内,但没有覆盖到的区域;

5. 审核结论综述及支持审核结论的主要审核发现;

6. 审核组和受审核方之间没有解决的分歧意见;

7. 改进的机会(如果审核计划有规定);

8. 识别的良好实践;

9. 商定的后续行动计划(如果有);

10. 关于内容保密性质的声明;

11. 对审核方案或后续审核的影响;

12. 审核报告的分发清单。

二、审核报告的分发

审核报告应在商定的时间期限内提交。如果延迟,审核组长应向受审核方和审核方案管理人员通告原因。

审核报告应按审核方案程序的规定注明日期,并经适当的评审和批准。

审核报告应分发至审核程序或审核计划规定的接收人。

第五节　审核的完成和审核后续活动的实施

一、审核的完成

当所有策划的审核活动已经执行或出现与审核委托方约定的情形时(例如出现了妨碍完成审核计

划的非预期情形），审核即告结束。

审核的相关文件化信息应根据参与各方的协议，按照审核方案的程序或适用要求予以保存或销毁。

除非法律法规要求，若没有得到审核委托方和受审核方（适当时）的明确批准，审核组和审核方案管理人员不应向任何其他方泄露相关文件化信息的内容以及审核中获得的其他信息或审核报告的内容。如果需要披露审核文件的内容，应尽快通知审核委托方和受审核方。

从审核中获得的经验教训应作为受审核组织的管理体系的持续改进过程的输入。

二、审核后续活动的实施

根据审核目标，审核结论可以表明采取纠正措施、预防措施或改进措施的需要。此类措施通常由受审核方确定并在商定的期限内实施。适当时，受审核方应将这些措施的实施状况告知审核方案管理人员和审核组。

审核组应对措施的完成情况及有效性进行验证。验证可以是后续审核活动的一部分。

附录一　环境管理体系审核思路

要　　求	审核要点	审核思路
4　组织所处的环境 4.1　理解组织及其所处的环境	组织是否已确定与其宗旨相关并影响其实现环境管理体系预期结果的能力的外部和内部问题？	影响组织达成环境管理体系预期结果的能力的内部和外部问题,既是组织最高管理者实施环境管理决策需要考虑的基础信息,也是其有关业务部门确定和改善其环境绩效的重要输入,因此,在审核过程中,审核员可通过与最高管理者交流获知其对影响实现预期结果的能力的外部和内部问题的认知和理解,并在与外部环境存有接口关系的相关业务部门进一步交流和沟通所识别的影响其实现环境管理体系预期结果的能力的内、外部问题是否全面和适宜。 　　该条款的输出是其他环境管理活动的重要输入,诸如 4.3、4.4、5.2、6.1.1、9.3 等。 　　与组织所处的环境可能相关的内、外部问题,诸如: 　　1. 与气候、空气质量、水质量、土地使用、现存污染、自然资源的可获得性和生物多样性等相关的,可能影响组织目的或受其环境因素影响的环境状况; 　　2. 外部的文化、社会、政治、法律、监管、财务、技术、经济、自然以及竞争环境,无论是国际的、国内的、区域的和地方的; 　　3. 组织内部特征或条件,例如:其活动、产品和服务、战略方向、文化与能力(即:人员、知识、过程、体系)。 　　理解组织所处的环境可用于其建立、实施、保持并持续改进其环境管理体系(见 ISO 14001 标准 4.4 条款)。 　　ISO 14001 标准 4.1 条款所确定的内外部问题可能给组织或环境管理体系带来风险和机遇(见 ISO 14001 标准 6.1.1 至 6.1.3 条款)。组织可从中确定那些需要应对和管理的风险和机遇(见 ISO 14001 标准 6.1.4,6.2,7,8 和 9.1 条款)。
	组织所确定的外部和内部问题是否包括了影响、或能够影响组织的环境状况。	环境状况是指在某个特定时间点确定的环境的状态或特征。 　　不同时期,其组织的外部环境状况和组织的环境状况可能存在一定差异。

续上表

要　　求	审核要点	审核思路
4　组织所处的环境 4.1　理解组织及其所处的环境		组织在某一个特定的时间周期内,可能被外部环境状况所影响,也可能有限地影响外部环境状况。 审核员可通过与最高管理者和其他相关管理者的信息交流获知当期哪些外部问题会影响到组织的环境状况,以及组织内部的哪些问题会影响到组织外部的环境状况,以及影响的程度如何?
4.2　理解相关方的需求和期望	组织是否已经确定: a) 与环境管理体系有关的相关方; b) 这些相关方的有关需求和期望(即要求); c) 这些需求和期望中哪些将成为其合规义务。	通过与受审核方最高管理者和其与外界有工作接口的有关部门或岗位人员交流和观察,获知与受审核方环境管理体系有关的相关方的信息,以及这些有关相关方的需求和期望,尤其是那些作为受审核方必须满足或选择满足的有关相关方的具体的需求和期望,通常,这些需求和期望与强制性要求有关。 结合所获知的受审核方与强制性需求和期望有关的合规性义务,审核员需进一步沟通和判断受审核组织是否已经获得和掌握了与其合规性义务相关的知识。
4.3　确定环境管理体系的范围	组织是否已经清晰确定了环境管理体系的边界和适用性,并确定了其范围。	审核员可通过索阅受审核方与环境管理体系范围有关的文件化信息,关注其受审核方在确定其环境管理体系范围时,是否考虑到: 1. ISO 14001 标准 4.1 条款所提及的内、外部问题; 2. ISO 14001 标准 4.2 条款所提及的合规义务; 3. 其组织单元、职能和物理边界; 4. 其活动、产品和服务; 5. 其实施控制与施加影响的权限和能力。 审核员在审核过程中应特别关注其受审核方是否存在通过范围的界定而排除具有或可能具有重要环境因素的活动、产品和服务、设施、或规避其合规性义务。
	组织是否将其所有的活动、产品和服务均须纳入已经确定的环境管理体系范围之中。	从生命周期的观点出发,组织的环境管理体系范围可能会超出其所在的地理边界。 审核员可通过观察和交流,了解和记录其受审核方是否已将其所有的活动、产品和服务均纳入已经确定的环境管理体系范围之中。
	组织是否保持环境管理体系范围的文件化信息,并可为相关方获取。	审核员可通过查看阅读的方式确认受审核方环境管理体系范围的文件化信息,并沟通当有关相关方需要时,如何为相关方所获取。

续上表

要　求	审核要点	审核思路
4.4　环境管理体系	为实现组织的预期结果，包括提高其环境绩效，组织是否已经根据 ISO 14001 标准的要求建立、实施、保持并持续改进环境管理体系，包括所需的过程及其相互作用。	在审核过程中，审核员可通过与其受审核方交流沟通和查阅相关文件化信息的方式，了解其受审核方采取哪些措施和方法来满足 ISO 14001 标准的全部要求。进而可通过后续审核了解受审核方以下事项的详略程度： 　　1. 建立可能与重要环境因素、合规义务，以及所确定的风险和机遇有关的一个或多个过程，以确信它（们）按策划得到控制和实施，并实现期望的结果； 　　2. 将环境管理体系要求融入其各项业务过程中，例如：设计和开发、采购、人力资源、营销和市场等； 　　3. 将与受审核方所处的环境（见 ISO 14001 标准 4.1 条款）和有关相关方要求（见 ISO 14001 标准 4.2 条款）有关的问题纳入其环境管理体系。
	组织建立并保持环境管理体系时，是否考虑 4.1 和 4.2 获得的知识。	审核员在审核过程中可通过与最高管理者的交流，获悉其在建立和保持环境管理体系过程中，需要考虑从 ISO 14001 标准 4.1 和 4.2 条款中获得的哪些知识，且应用在哪些方面，并通过后续审核了解相关人员对这些知识的理解和应用情况。
5　领导作用 5.1　领导作用与承诺	最高管理者如何证实其在环境管理体系方面的领导作用和承诺，是否已通过开展以下活动提供证实： 　　a）对环境管理体系的有效性负责； 　　b）确保建立环境方针和环境目标，并确保其与组织的战略方向及所处的环境相一致； 　　c）确保将环境管理体系要求融入组织的业务过程； 　　d）确保可获得环境管理体系所需的资源； 　　e）就有效环境管理的重要性和符合环境管理体系要求的重要性进行沟通； 　　f）确保环境管理体系实现其预期结果； 　　g）指导并支持员工对环境管理体系的有效性做出贡献； 　　h）促进持续改进； 　　i）支持其他相关管理人员在其职责范围内证实其领导作用。	最高管理者在组织内拥有授权和提供资源的权利。在建立、实施、保持和持续改进环境管理体系，包括所需的过程及其相关作用中，最高管理者应起到率先垂范的作用，并对其承担主责。 　　最高管理者应代表组织向有关相关方做出并履行其改进环境绩效的承诺。 　　发挥最高管理者对环境管理体系的绝对领导作用和改善环境绩效的承诺，是受审核方最高管理者就其通过环境管理体系和过程所可能达成的环境目标或结果向有关相关方所作出的允诺。 　　实现最高管理者的领导作用和兑现改善环境绩效，履行合规性义务，以及实现环境目标的承诺并非几句口号就可以达到的，需要最高管理者们切切实实通过以下活动奠定履行环境承诺的基础，并实现领导作用，包括： 　　1. 以身作则，率先垂范，对环境管理体系有效性承担责任； 　　2. 求真务实，以确保建立环境管理体系的环境方针和环境目标，并确保其与受审核方的战略方向和所处的环境相一致； 　　3. 避免管理形式化，并确保将环境管理体系要求融入受审核方的业务过程； 　　4. 确保可获得环境管理体系所需的资源，并确保资源的可用性；

续上表

要　求	审核要点	审核思路
5　领导作用 5.1　领导作用与承诺	注：ISO 14001 标准所提及的"业务"可从广义上理解为涉及组织存在目的的那些核心活动。	5. 就有效环境管理的重要性和符合环境管理体系要求的重要性进行沟通； 6. 通过亲自参与或进行指导,确保环境管理体系实现其预期的结果； 7. 促进、指导和支持员工为环境管理体系有效性做出贡献； 8. 推动改进； 9. 支持和辅导其他相关管理者在其职责范围内发挥领导作用。 　　上述活动的充分性和有效性是受审核方最高管理团队履行环境承诺和实现领导作用的基础,其履行的结果将影响到组织的信用等级。 　　在审核过程中,审核员应通过与受审核方的最高管理者的沟通,并通过后续审核所收集的有关客观证据来综合判断其受审核方的最高管理者履行环境承诺和实现领导作用的程度。
5.2　环境方针	最高管理者是否已在界定的环境管理体系范围内建立、实施并保持环境方针。环境方针应： 　　a)适合于组织的宗旨和所处的环境,包括其活动、产品和服务的性质、规模和环境影响； 　　b)为制定环境目标提供框架； 　　c)包括保护环境的承诺,其中包含污染预防及其他与组织所处环境有关的特定承诺； 　　注：保护环境的其他特定承诺可包括资源的可持续利用、减缓和适应气候变化、保护生物多样性和生态系统。 　　d)包括履行其合规义务的承诺； 　　e)包括持续改进环境管理体系以提高环境绩效的承诺。	环境方针是由最高管理者就组织的环境绩效正式表述的意图和方向,具有极强的导向作用。而不是几句口号式空洞的放之四海而皆准的环境短语,它必须适应组织的宗旨和所处的环境,包括其活动、产品和服务的性质、规模和环境影响,并支持其战略方向和与组织的愿景和使命相一致。 　　组织环境包括外部环境和内部环境中影响其实现环境管理体系预期结果的能力的诸多问题。 　　环境方针应为环境目标提供框架,包括保护环境(其中包含污染预防及其他与组织所处环境有关的特定承诺)的承诺、履行合规性义务,以及持续改进环境管理体系以提高环境绩效的承诺。 　　概括来说环境方针应满足： 　　1. 两个适应,即与组织的宗旨相适应,与组织所处环境中的影响因素或问题相适应； 　　2. 一个支持,即环境方针能够支持组织战略方向； 　　3. 一个框架,即环境方针需能够提供出制定环境目标的框架； 　　4. 三个承诺,即环境方针必须包括保护环境的承诺、履行合规义务的承诺和持续改进环境管理体系以提高环境绩效的承诺。 　　环境方针确定了组织在环境管理方面的努力方向,是组织开展各项环境改善活动的灯塔。

续上表

要　　求	审核要点	审核思路
5.2　环境方针	环境方针是否已： ——以文件化信息的形式予以保持； ——在组织内得到沟通； ——可为相关方获取。	环境方针需要通过环境目标来落地，环境方针所确定的组织的环境绩效要求必须由环境目标来承接，它们是相互对应的关系，是支撑与被支撑的关系。 　　在审核过程中，审核员要在充分沟通和了解受审核方的基本情况后，判断其环境方针是否具有较强的导向性，以及适宜性。审核员若发现不满足要求的环境方针，需与其受审核方做充分交流。 　　审核员在审核环境方针过程中，尽可能结合其受审核方的环境目标一起审核。 　　审核员在审核过程中，应索阅受审核方所保持的环境方针的文件化信息。 　　在审核过程中，审核员须了解受审核方采取何种方式在组织内部对环境方针进行沟通，同时，可抽查若干名员工填写预先准备好的调查表，进而判断其对环境方针内涵理解的一致程度，关注沟通的效果。 　　审核员可通过查看其受审核方的官方网站，或其他宣传资料获知组织是否披露了环境方针的信息。
5.3　组织的角色、职责和权限	最高管理者是否已确保在组织内部分配并沟通相关角色的职责和权限。 　　最高管理者应对下列事项分配职责和权限： 　　a）确保环境管理体系符合 ISO 14001 标准的要求； 　　b）向最高管理者报告环境管理体系的绩效，包括环境绩效。	基于过程的识别和确定，以及岗位或角色分析结果，作为最高管理者合理分配角色的职责和权限的基础。 　　组织管理者在规定相关角色的职责过程中，首先需要在构建合理的工作结构和岗位结构的基础上，识别所有的管理和业务活动事项，甚至是细分的活动事项，并充分考虑既有管理人员的素质和能力，进行职责和权限的分配。组织在进行相关角色的职责和权限的分配时，应避免职责和权限的重叠或交叉，也要避免管理的真空。 　　为了便于开展活动，组织需对已经规定的职责和权限在其组织内部进行充分的沟通，使每位员工都清楚向谁报告，找谁协调，或将任务安排给谁，并确定参与组织环境管理体系的人员对遵守标准要求和实现环境管理体系预期结果方面的角色的职责和权限有清晰的理解。 　　在审核过程中，审核员可通过与受审核方最高管理者的交流和沟通，了解受审核方的组织结构和岗位结构设置情况，进而沟通不同角色的职责和权限是如何分配的，通过何种形式让员工了解在组织中的角色的职责和权限。审核员还可以通过座谈的形式沟通员工实现和履行具体职责的途径，考察员工是否准确理解各自所扮演的角色的职责和权限。

要　　求	审核要点	审核思路
5.3　组织的角色、职责和权限		最高管理者在分配角色的职责和权限时,若要确保组织的环境管理体系符合 ISO 14001 标准的要求,就必须识别 ISO 14001 标准的要求都包括哪些,这些要求应该由组织中的哪个角色担当和实施比较合适,并将要求转化为具体的职责和责任予以分配。 　　环境管理体系的符合性和有效性取决于受审核方不同角色的人员的职责和权限的履行程度。如何确保每位成员能够尽职尽责地为实现环境管理体系的环境绩效而工作,简单的职责和权限的分配则很难达到预期的目标和确保各过程获得预期输出的效果。权力的过分集中或者过分的分散可能都不利于实现环境管理体系各过程获得其预期输出,权责对等和适宜授权是确保环境管理体系有效运行的基础。 　　在审核过程中,审核员应关注其受审核方采取何种措施和方法来确保每位成员能够尽职尽责地履行其职责,而不是停留在有和没有的层面上。 　　定期向最高管理者报告环境管理体系的绩效,包括环境绩效是受审核方实施内部沟通的一种非常有效的机制。 　　受审核方宜在其内部建立和保持定期报告制度,宜在相关管理者职责和权限中明确规定定期向最高管理者报告环境管理体系的绩效,包括环境绩效的职责。 　　在审核过程中,审核员可通过与最高管理者的沟通获取这方面的信息,包括授权的管理者、报告的形式、报告的内容,以及最高管理者对报告的批复或回复信息等。
6　策划 6.1　应对风险和机遇的措施 6.1.1　总则	组织是否已建立、实施并保持满足 6.1.1～6.1.4 的要求所需的过程。 　　策划环境管理体系时,组织是否已考虑: 　　a)4.1 所提及的问题; 　　b)4.2 所提及的要求; 　　c)其环境管理体系的范围。 　　并且,应确定与环境因素(见6.1.2)、合规义务(见 6.1.3)、4.1 和4.2 中识别的其他问题和要求相关的需要应对的风险和机遇,以:	在审核过程中,审核员应通过在环境管理体系策划部门沟通和查阅相关信息,获悉其受审核方所建立、实施并保持满足 ISO 14001 标准 6.1.1 至6.1.4 条款的要求所需的过程,以便确保其受审核方能够实现其环境管理体系的预期结果,预防或减少非预期影响以实现持续改进。 　　审核员应通过与受审核方的最高管理者和策划部门的相关人员沟通,并了解审核方在策划其环境管理体系时是否考虑以下内容: 　　1. ISO 14001 标准 4.1 条款所提及的问题; 　　2. ISO 14001 标准 4.2 条款所提及的要求; 　　3. 其受审核方环境管理体系的范围。

要　　求	审核要点	审核思路
6　策划 6.1　应对风险和机遇的措施 6.1.1　总则	——确保环境管理体系能够实现其预期结果； ——预防或减少不期望的影响，包括外部环境状况对组织的潜在影响； ——实现持续改进。	并且，审核员还应关注受审核方是否确定了与环境因素（见 ISO 14001 标准 6.1.2 条款）、合规义务（见 ISO 14001 标准 6.1.3）、ISO 14001 标准 4.1 和 ISO 14001 标准 4.2 中识别的其他问题和要求相关的需要应对的风险和机遇，包括环境状况或相关方的需求和期望，这些都可能影响组织实现其环境管理体系预期结果的能力，例如： 1. 由于员工文化或语言的障碍，未能理解当地的工作程序而导致的环境泄漏； 2. 因气候变化而导致洪涝的增强，可影响组织经营场地； 3. 由于经济约束，导致缺乏可获得的资源来保持一个有效的环境管理体系； 4. 通过政府财政资助引进新技术，可能改善空气质量； 5. 旱季缺水可能影响组织运行其排放控制设备的能力。
	组织是否已确定其环境管理体系范围内的潜在紧急情况，特别是那些可能具有环境影响的潜在紧急情况。	在审核过程中，审核员应关注其受审核方是否已经识别和确定其环境管理体系范围内的潜在紧急情况，特别是那些可能具有环境影响的潜在紧急情况。 紧急情况是非预期的或突发的事件，需要紧急采取特殊应对能力、资源或过程加以预防或减轻其实际或潜在的后果。 紧急情况下所产生的新的重要环境因素可能导致不利环境影响或对组织造成其他影响。 审核员应关注其受审核方在确定潜在的紧急情况（例如：火灾、化学品溢出、恶劣天气）时，是否考虑了以下内容： ——现场危险物品（例如：易燃液体、贮油箱、压缩气体）的性质； ——紧急情况最有可能的类型和规模； ——附近设施（例如：工厂、道路、铁路线）的潜在紧急情况。
	组织是否已保持以下内容的文件化信息： ——需要应对的风险和机遇的； ——6.1.1～6.1.4 中所需过程的文件化信息，其程度应足以确信这些过程按策划实施。	在审核过程中，审核员需要查看其受审核方需要应对的风险和机遇清单或相关的文件化信息，以及风险和机遇控制过程、环境因素的识别和确定、合规性义务的识别与管理、相关措施的策划等需过程的文件化信息，其程度应足以确信这些过程按策划实施。

要　　求	审核要点	审核思路
6.1.2　环境因素	组织是否已在所界定的环境管理体系范围内,确定其活动、产品和服务中能够控制和能够施加影响的环境因素及其相关的环境影响。此时应考虑生命周期观点。	在审核过程中,审核员应通过收集和查看环境因素清单或相关信息,获悉受审核方已在所界定的环境管理体系范围内,确定其活动、产品和服务中能够控制和能够施加影响的环境因素及其相关的环境影响。 　　环境因素是指受审核方的活动、产品和服务中与或能与环境发生相互作用的要素。 　　审核员在审核过程中应重点关注其受审核方对整个供应链中的环境因素识别的充分性,避免个别组织仅仅关注于办公用品的消耗、纸张的浪费,这些环境因素与生产资料的消耗相比,可以说是微不足道的。 　　环境影响是指全部地或部分地由其受审核方的环境因素给环境造成的任何有害或有益的变化。 　　环境影响可能发生在地方、区域或是全球范围,且可能是直接的、间接的或自然累积的影响。环境因素和环境影响之间是因果关系。 　　确定环境因素时,作为受审核方需要考虑生命周期观点,但并不要求受审核方进行详细的生命周期评价,只需认真考虑可被受审核方控制或影响的生命周期阶段就足够了。 　　产品或服务的典型生命周期阶段包括原材料获取、设计、生产、运输和(或)交付、使用、寿命结束后处理和最终处置。 　　适用的生命周期阶段将根据其受审核方的活动、产品和服务的不同而不同。
	确定环境因素时,组织是否已考虑: 　　a)变更,包括已纳入计划的或新的开发,以及新的或修改的活动、产品和服务; 　　b)异常状况和可合理预见的紧急情况。	在审核过程中,审核员应关注受审核方在确定其环境管理体系范围内的环境因素时,如何考虑与其现在的及过去的活动、产品和服务,计划的或新的开发,新的或修改的活动、产品和服务相关的预期的和非预期的输入和输出,以及已经识别的正常的和异常的运行状况、关闭与启动状态,以及可合理预见的紧急情况。 　　审核员应在相关责任部门沟通和观察其受审核方之前曾发生过的紧急情况,以及紧急情况所产生的环境因素和环境影响的信息。 　　在审核过程中,审核员应关注受审核方在识别和确定其环境因素时是否已经考虑下列事项: 　　1. 向大气的排放; 　　2. 向水体的排放; 　　3. 向土地的排放; 　　4. 原材料和自然资源的使用; 　　5. 能源使用; 　　6. 能量释放,例如:热能、辐射、振动(噪声)和光能; 　　7. 废物和(或)副产品的产生; 　　8. 空间的使用。

续上表

要　　求	审核要点	审核思路
6.1.2　环境因素		在审核其受审核方的环境因素时,审核员不仅仅需要关注其受审核方所识别的环境因素的完整性,还应关注其受审核方所识别的环境因素的合理性,避免其受审核方将其不能够直接控制的环境因素,或不能够施加影响的环境因素识别为其受审核方的环境因素,导致眉毛胡子一把抓。 在审核过程中,审核员还应关注其受审核方在识别环境因素时,是否充分考虑了与其受审核方的活动、产品和服务相关的环境因素,例如: 　1. 其设施、过程、产品和服务的设计和开发; 　2. 原材料的获取,包括开采; 　3. 运行或制造过程,包括仓储; 　4. 设施、组织资产和基础设施的运行和维护; 　5. 外部供方的环境绩效和实践; 　6. 产品运输和服务交付,包括包装; 　7. 产品存储、使用和寿命结束后处理; 　8. 废物管理,包括再利用、翻新、再循环和处置。
	组织是否已运用所建立的准则,确定那些具有或可能具有重大环境影响的环境因素,即重要环境因素。	对重要环境因素的控制是环境管理体系的核心活动。 重要环境因素是指具有或能够产生一种或多种重大环境影响的环境因素。重要环境因素与一般环境因素是相对的概念,这取决于其受审核方所确定的一个或多个评价准则。 在审核过程中,审核员应索阅其受审核方所确定的环境因素和重要环境因素的评价准则。因为,环境准则是评价环境因素首要的和最低的准则。可能与环境因素有关的准则包括,例如:类型、规模、频次等,可能与环境影响有关的准则包括,例如:规模、严重程度、持续时间、暴露时间等。
	适当时,组织是否已采取措施在其各层次和职能间沟通其重要环境因素。 组织是否已保持以下内容的文件化信息: 　——环境因素及相关环境影响; 　——用于确定其重要环境因素的准则; 　——重要环境因素。 　注:重要环境因素可能导致与有害环境影响(威胁)或有益环境影响(机会)相关的风险和机遇。	在审核过程中,审核员应在主控部门了解受审核方采取何种方式在其各层次和职能间沟通其重要环境因素。 审核员应索阅或查看受审核方所保持以下内容的文件化信息: 　1. 环境因素及相关环境影响; 　2. 用于确定其重要环境因素的准则; 　3. 重要环境因素清单。

要　　　求	审核要点	审核思路
6.1.3　合规义务	组织是否已： a)确定并获取与其环境因素有关的合规义务； b)确定如何将这些合规义务应用于组织； c)在建立、实施、保持和持续改进其环境管理体系时必须考虑这些合规义务。 组织是否已保持其合规义务的文件化信息。 注：合规义务可能会给组织带来风险和机遇。	合规义务是指受审核方必须遵守的法律法规要求，以及其必须遵守或选择遵守的其他要求。 　　在审核过程中，审核员应特别注意其受审核方所获取的合规性义务的具体要求是否与其既有的环境因素相关联，并具有强相关性。 　　审核员应通过对受审核方的文件化信息和过程的审查以及通过现场观察，判断受审核方在建立、实施、保持和持续改进其环境管理体系时是否充分考虑了所必须履行的合规义务。 　　适用时，与受审核方环境因素相关的强制性法律法规要求可能包括： 　　1. 政府机构或其他相关权力机构的要求； 　　2. 国际的、国家的和地方的法律法规； 　　3. 许可、执照或其他形式授权中规定的要求； 　　4. 监管机构颁布的法令、条例或指南； 　　5. 法院或行政的裁决。 　　合规义务也包括受审核方须采纳或选择采纳的，与其环境管理体系有关的其他相关方的要求。 　　如果适用，这些要求可能包括： 　　1. 与社会团体或非政府组织达成的协议； 　　2. 与公共机关或客户达成的协议； 　　3. 组织的要求； 　　4. 自愿性原则或业务守则； 　　5. 自愿性环境标志或环境承诺； 　　6. 组织签订的合同约定的义务； 　　7. 相关的组织标准或行业标准。 　　审核员应查看其受审核方与合规义务有关的过程，以及合规义务清单，并关注所识别和确定的合规义务与其受审核方的既有环境因素的相关性。 　　审核员在审核过程中应关注个别组织是否将与其环境因素没有相关性的法律法规和公约等错误地识别为合规义务。
6.1.4　措施的策划	组织是否已策划： a)采取措施管理其： 1)重要环境因素； 2)合规义务； 3)6.1.1所识别的风险和机遇。 b)如何： 1)在其环境管理体系过程（见6.2、第7章、第8章和9.1)中或其他业务过程中融入并实施这些措施；	在审核过程中，审核员应向主控部门或岗位人员沟通和查证被审核方针对其重要环境因素、合规义务，以及所识别的需要优先考虑的风险和机遇采取的措施，以实现组织环境管理体系的预期结果。 　　策划的措施可包括建立环境目标，或可独立或整合融入其他的环境管理体系过程。也可通过其他管理体系提出一些措施，例如：通过那些与职业健康安全或业务连续性有关的管理体系；或通过与风险、财务或人力资源管理相关的其他业务过程提出一些措施。

续上表

要　　求	审核要点	审核思路
6.1.4　措施的策划	2)评价这些措施的有效性(见9.1)。 　当策划这些措施时,组织是否已考虑其可选技术方案、财务、运行和经营要求。	当考虑其技术选项时,受审核方应当考虑在经济可行、成本效益高和适用的前提下,采用最佳可行技术。 　审核员应关注其受审核方如何评价所采取措施的有效性,以及评价的结果。
6.2　环境目标及其实现的策划 6.2.1　环境目标	组织是否已针对其相关职能和层次建立环境目标,并在建立环境目标时考虑组织的重要环境因素及相关的合规义务,并考虑其风险和机遇。 　环境目标是否: a)与环境方针一致; b)可测量(如可行); c)得到监视; d)予以沟通; e)适当时予以更新。	环境目标是受审核方依据其所确定的环境方针制定的需要经过努力而达成的结果。 　目标管理是贯穿受审核方环境管理体系的一条主线。在策划环境目标时,要保持与环境方针的一致性,不能跳出环境方针所确定的环境目标的框架去设定目标。 　环境方针确定了环境目标的框架。环境目标是承接环境方针,并确保环境方针有效实施的必要途径和手段,只有在组织的相关职能和层次中基于重要环境因素、合规义务,以及需要优先考虑的风险和机遇设定符合环境方针所确定的环境目标框架,并与最高管理者在环境方针中做出的承诺保持完全的对应和协调,包括持续改进的承诺,才能确保环境方针的实现,两者之间具有强相关性。 　组织在相关职能和层次设定环境目标时需考虑:在哪些相关职能设定环境目标? 组织的管理层级包括哪些? 　相关职能和层级的环境目标是相互关联,且具有支撑关系。层级的环境目标应能够支撑职能的环境目标。下一层级的环境目标应能够支撑上一层级的环境目标。 　不同的职能和层次所扮演的角色和活动是不尽相同的,其要求也是不同的,即便是相同或类似的指标项其指标值也会存在差异。 　受审核方所建立的环境目标在可行的情况下应是可测量的,受审核方应考虑选择适当的参数来评价可测量的环境目标的实现情况,发现不适宜时,及时作出调整或修订。 　受审核方在相关职能和层级设立环境目标时,应遵循 SMART 原则,即: 　1. 目标必须是具体的(Specific); 　2. 目标必须是可以衡量的(Measurable); 　3. 目标必须是可以达到的(Attainable); 　4. 目标与其他目标具有一定的相关性(Relevant);

续上表

要　　求	审核要点	审核思路
6.2　环境目标及其实现的策划 6.2.1　环境目标	组织是否已保持环境目标的文件化信息。	5. 目标必须具有明确的截止期限(Time-bound)。 环境目标明确了各职能和层次的工作方向,只有对环境目标进行充分的沟通,才能确保不同岗位人员准确理解最高管理者的管理意图和所期望达成的结果,才能确保利用有限的资源实现特定时期的主要环境绩效。 环境目标应是动态的,当既定的目标达成之后,就应该寻找新的并与环境方针保持一致的环境目标。 在审核过程中,审核员应结合环境方针和职能、层级所涉及的重要环境因素、合规义务,以及需要优先考虑的风险和机遇对环境目标的适宜性进行审核,关注它们之间的相关性、逻辑性,以及适宜性。 环境目标应在受审核方内部进行沟通。在审核过程中,审核可通过询问被抽查的员工交流相关的环境目标,以及如何或通过何种途径或措施实现环境目标的要求。 审核员应关注其受审核方环境目标的调整和更新情况。必要时,可与受审核方上一个审核周期的环境目标进行对比查看。 在审核过程中,审核员应在相关职能部门或岗位向受审核方的代表索阅所保持的文件化信息的环境目标。
6.2.2　实现环境目标措施的策划	策划如何实现环境目标时,组织是否已确定: a)要做什么; b)需要什么资源; c)由谁负责; d)何时完成; e)如何评价结果,包括用于监视实现其可测量的环境目标的进程所需的参数(见9.1.1)。	环境目标通常是针对特定时期内需要达成的环境绩效所规定的具体努力方向,要实现环境目标就必须有相应的管理方案或措施计划,配备实现环境目标所需的各种资源,要明确达成目标的时间节点,同时,还要对实现的结果质量进行必要的评价。任何一项环境目标都不例外。 在审核过程中,审核员应抽查针对环境目标所策划的管理方案或措施计划,查看并收集相关的实施信息。 环境目标管理方案或措施计划通常需要明确以下内容: 1. 达成目标的各阶段需要做什么; 2. 需要什么资源; 3. 由谁负责实施和使用相关的措施和资源; 4. 何时完成; 5. 如何评价结果,包括用于监视实现其可测量的环境目标的进程所需的参数(见ISO 14001标准9.1.1条款)。

续上表

要　　求	审核要点	审核思路
6.2.2　实现环境目标措施的策划	组织是否已考虑如何能将实现环境目标的措施融入其业务过程。	在很多情况下，无需单独制定措施，因此，审核员应注意关注受审核方如何将实现环境目标的措施融入其业务过程的相关信息。
7　支持 7.1　资源	组织是否确定并提供建立、实施、保持和持续改进环境管理体系所需的资源。	资源是环境管理体系有效运行和改进，以及提升环境绩效所必需的。 　　在审核过程中，审核员应与被审核方的最高管理者沟通并获悉其受审核方如何确保使那些负有环境管理职责的人员得到必需的资源支持。 　　同时，审核员还应了解受审核方由外部供方补充提供的资源类别和数量。 　　资源可能包括人力资源、自然资源、基础设施、技术和财务资源。例如：人力资源包括专业技能和知识；基础设施资源包括其受审核方的建筑、设备、地下储罐和排水系统等。
7.2　能力	组织是否已： 　　a)确定在其控制下工作，对其环境绩效和履行合规义务的能力有影响的人员所需的能力； 　　b)基于适当的教育、培训或经历，确保这些人员是能胜任的； 　　c)确定与其环境因素和环境管理体系相关的培训需求； 　　d)适当时，采取措施以获得所必需的能力，并评价所采取措施的有效性。 　　注：适当措施可能包括，例如：向现有员工提供培训、指导，或重新分配工作；或聘用、雇佣能胜任的人员。	能力是指经验证的个人品德与素养和经验证的运用知识与技能实现其组织或个人目标的本领。 　　员工和其他相关人员的能力直接影响到受审核方的环境绩效和履行合规义务的能力。 　　在合理规定各个岗位的能力需求时，不仅仅需要考虑其受审核方当前的环境因素和环境治理，以及改善环境绩效的需要，也要考虑其受审核方未来发展的需要，以及其所处环境变化的需要。 　　受审核方通常需结合实现产品和服务符合性过程中存在的环境因素的复杂程度，以及进行环境治理，改善环境绩效所需基础设施的领先程度、技术和管理的先进性等因素。从人员的素质、教育、培训、技能和经验等维度，规定在组织控制下从事影响环境管理体系绩效和有效性的人员所必要的能力，并根据内外部环境的变化适时对其进行修正和完善。 　　在审核过程中，审核员通常会通过其受审核方所制定的职位说明书或其他文件化信息中获得有关岗位能力需求的信息，但审核员应关注其所规定内容的科学性、合理性、全面性和前瞻性。 　　那些可能影响其环境绩效，并受其控制的工作人员的实际实施环境控制和环境绩效改善的能力与规定的能力需求标准是否存有差距，需要受审核方通过定期的评价或考核获知，包括对其岗位环境绩效的考核。 　　同时，受审核方需营造积极向上的环境文化氛围，构建和鼓励工作人员自我能力提升的机制。

续上表

要　　　求	审核要点	审核思路
7.2　能力		在审核过程中,审核员应重点关注其受审核方所采取提升那些可能影响其环境绩效,并受其控制的工作人员能力的措施包括哪些? 以及所采取措施的实施有效性。 　　那些可能影响组织环境绩效的、在组织控制下工作的人员,包括: 　　1. 其工作可能造成重大环境影响的人员; 　　2. 被委派了环境管理体系职责的人员,包括: 　　(1)确定并评价环境影响或合规义务; 　　(2)为实现环境目标做出贡献; 　　(3)对紧急情况做出响应; 　　(4)实施内部审核; 　　(5)实施合规性评价。 　　当评价或考核结果不满足需求时,可采取适当的措施,包括诸如提供培训、辅导、重新分配工作、招聘或分包给具备能力的人员等以获取必要的能力。 　　受审核方需考虑使相关人员及时通过参加专门的培训获得与环境因素和环境管理体系相关的知识和技能。 　　在审核过程中,审核员不仅仅需要关注其受审核方的培训活动的策划、实施和有效性,还应关注所采取其他措施的适宜性和有效性。 　　在某一时间周期内,可能没有采取培训,而采取辞退和招聘新人的措施也可能是组织解决能力不充分的最有效的措施。 　　在审核过程中,审核员应注意收集其受审核方有关能力需求的确定、评价与考核、针对评价与考核结果所采取的措施的实施,以及所采取措施实施的有效性的信息。
	组织是否已保留适当的文件化信息作为能力的证据。	组织应保留与能力有关的文件化信息,包括岗位能力标准、员工绩效评价信息、招聘录用员工信息、培训教育信息、员工资格信息等,以作为其受审核方对能力过程实施控制的证据。 　　在审核过程中,审核员可通过抽查其受审核方所保存的有关员工能力的信息,包括员工教育、培训、技能和经验的相关信息,确定其受审核方与能力有关的信息的系统性、完整性和真实性。

要　　求	审核要点	审核思路
7.3　意识	组织是否已确保在其控制下工作的人员意识到： 　a)环境方针； 　b)与他们的工作相关的重要环境因素和相关的实际或潜在的环境影响； 　c)他们对环境管理体系有效性的贡献，包括对提升环境绩效的贡献； 　d)不符合环境管理体系要求，包括未履行组织合规义务的后果。	意识是指人所特有的反映现实的最高形式，是人对现实的一种有意识、有组织的反映，也可以说意识就是人的心理，是人自觉的、有目的的高级心理部分。 　意识影响着被受审核方控制的工作人员的环境意识和环境行为。 　工作人员的环境意识受其组织环境文化所培育的环境保护价值观的影响。 　受审核方应通过对在受其控制内的工作人员进行环境保护价值观和意识的培育，将组织环境文化，环境方针植入他们的心智之中。只有这样才能确保他们为改善环境管理体系的有效性，包括提高环境绩效做出贡献，同时，也使他们意识到任何不符合环境管理体系要求和未履行合规性义务的后果。 　在审核过程中，审核员可通过对其被受审核方控制的工作人员进行分层抽样的方式，了解其对环境方针掌握和理解的程度，了解其环境保护价值观和意识等相关信息。
7.4　信息交流 7.4.1　总则	组织是否已建立、实施并保持与环境管理体系有关的内部与外部信息交流所需的过程，包括： 　a)信息交流的内容； 　b)信息交流的时机； 　c)信息交流的对象； 　d)信息交流的方式。 　策划信息交流过程时，组织是否已： 　——考虑其合规义务； 　——确保所交流的环境信息与环境管理体系形成的信息一致且真实可信。 　组织是否已对其环境管理体系相关的信息交流做出响应。 　适当时，组织是否已保留文件化信息，作为其信息交流的证据。	沟通是信息的传递、处理和反馈活动的集合。 　沟通可以有效地传递最高管理者的战略意图，提高工作人员的参与程度并更加深入地理解相关要求，提升环境管理体系运行的效率和有效性。 　沟通，包括内部沟通(如：整个组织内)和外部沟通(如：与相关方)。 　内部沟通的对象可能是相关区域和层级的管理者和其他员工。 　外部沟通的对象可能是利益相关方，包括监管机构等。 　通常情况下，组织可根据满足提高环境管理体系和环境绩效的需要，确定需要沟通的具体事项和内容，以及沟通的时机。 　针对不同的沟通对象和沟通事项与内容，可能需要建立不同的沟通平台、渠道和选择适宜的沟通方式和方法。 　通常情况下，受审核方需对以下事项和内容进行沟通： 　1. 环境方针； 　2. 与环境管理体系相关的内外部问题及其变化；

续上表

要　　求	审核要点	审核思路
7.4　信息交流 7.4.1　总则		3. 相关方的需求和期望,包括合规义务及其变化; 4. 重要环境因素; 5. 风险和机遇; 6. 环境管理体系的有效性和环境绩效; 7. 与环境管理体系及其过程有关的变更; 8. 受审核方认为其他需要沟通的事项。 信息交流应当具有下列特性: 1. 透明化,即组织对其获得报告内容的方式是公开的; 2. 适当性,以使信息满足相关方的需求,并促使其参与; 3. 真实性,不会使那些相信所报告信息的人员产生误解; 4. 事实性、准确性与可行性; 5. 不排除相关信息; 6. 使相关方可理解。 受审核方可选择会议、内网、简报、板报、交流、电话,或其认为其他合适的方式进行沟通。 受审核方需明确不同的需要沟通的项目和内容的具体责任人,并由其对沟通效果进行跟踪和改进。 在审核过程中,审核员应注意收集其受审核方所确定的主要沟通事项和内容,包括采用 OA 信息化平台实施沟通的信息,综合判断其受审核方的沟通方式是否适宜和有效,尤其是沟通过程中的信息反馈机制是否适宜和畅通。
7.4.2　内部信息交流	组织是否已: 　a)在其各职能和层次间就环境管理体系的相关信息进行内部信息交流,适当时,包括交流环境管理体系的变更; 　b)确保其信息交流过程使其控制下工作的人员能够为持续改进做出贡献。	在审核过程中,审核员应在各业务活动部门或岗位通过观察、座谈和交流获悉其受审核方何时并采用何种方式在其各职能和层次间就环境管理体系的相关信息,包括重要环境因素、环境绩效、合规义务和持续改进的建议等进行内部信息交流,适当时,包括交流环境管理体系的变更。 审核员须关注其受审核方环境文化的建设,以及环境文化氛围,关注其受审核方的环境保护意识或环境价值观的形成,确保其信息交流氛围、机制和过程能够促使在其控制下工作的人员对持续改进做出贡献。
7.4.3　外部信息交流	组织是否已按其合规义务的要求及其建立的信息交流过程,就环境管理体系的相关信息进行外部信息交流。	在审核过程中,审核员应在其受审核方的牵头或责任部门观察和沟通其是否按其合规义务的要求及其建立的信息交流过程,就环境管理体系的相关信息,包括污染物的达标排放,或有效和高效处理相关方投诉所进行的外部信息交流,包括回复或答复。

要　　求	审核要点	审核思路
7.5　文件化信息 7.5.1　总则	组织的环境管理体系是否包括： 　a) ISO 14001 标准要求的文件化信息； 　b) 组织确定的实现环境管理体系有效性所必需的文件化信息。 　注：不同组织的环境管理体系文件化信息的复杂程度可能不同，取决于： 　——组织的规模及其活动、过程、产品和服务的类型； 　——证明履行其合规义务的需要； 　——过程的复杂性及其相互作用； 　——在组织控制下工作的人员的能力。	文件化信息是受审核方需要控制和保持的信息及其载体，它可以任何格式和载体存在，并可来自任何来源。 　文件化信息可包括： 　——环境管理体系，包括相关过程； 　——为了组织运行而创建的信息（文件）； 　——实现结果的证据（记录）。 　受审核方文件化信息主要包括两类。一类是 ISO 14001 标准所要求的文件化信息。另一类是受审核方确定的为确保实现环境管理体系有效性所需的文件化信息。 　不同组织的环境管理体系所需文件化信息的多少与详略程度可以不同，这主要取决于： 　1. 组织的规模及其活动、过程、产品和服务的类型； 　2. 证明履行其合规义务的需要； 　3. 过程的复杂程度及其相互作用； 　4. 在组织控制下的工作人员的能力。 　ISO 14001 标准所要求保持和保留的文件化信息，包括： 　1. 环境管理体系范围； 　2. 环境方针； 　3. 需要应对的风险和机遇； 　4. ISO 14001 标准 6.1.1 至 6.1.4 中所需过程； 　5. 环境因素及其相关环境影响； 　6. 确定重要环境因素的准则； 　7. 重要环境因素； 　8. 合规义务； 　9. 环境目标； 　10. 能力的证据； 　11. 信息交流的证据； 　12. 确信过程已按策划得到实施； 　13. 确信应急准备和响应过程按策划予以实施； 　14. 作为监视、测量、分析和评价结果的证据； 　15. 作为合规性评价结果的证据； 　16. 作为审核方案和审核结果的证据； 　17. 作为管理评审结果的证据； 　18. 不符合的性质和所采取的任何后续措施，以及任何纠正措施的结果。

要　　求	审核要点	审核思路
7.5　文件化信息 7.5.1　总则		除了 ISO 14001 标准所要求的文件化信息外,受审核方还可针对透明性、责任、连续性、一致性、培训或易于审核等目的,选择创建附加文件化信息。 　　因此,受审核方需根据满足环境管理体系和过程运行的实际需要,识别文件化信息的需求,并按要求予以控制。 　　在审核过程中,审核员除应注意收集和获取受审核方依据 ISO 14001 标准要求建立和保持的文件化信息得到识别和确定的信息外,还应到文件化信息的主控部门获取受审核方为了确保其环境管理体系的有效运行所识别和确定的文件化信息,包括文件和记录的类别和数量。
7.5.2　创建和更新	创建和更新文件化信息时,组织是否已确保适当的: 　　a)识别和说明(例如:标题、日期、作者或参考文件编号); 　　b)形式(例如:语言文字、软件版本、图表)和载体(例如:纸质的、电子的); 　　c)评审和批准,以确保适宜性和充分性。	受审核方为确保环境管理体系和过程运行控制所需的文件化信息均需要进行适当的标识和说明。 　　需要标识和说明的内容包括标题、日期、作者,以及参考文件编号等。 　　组织应规定供其使用的文件化信息的格式(如语言、软件版本、图示等)和载体(纸质的或电子的格式等)。 　　所有为环境管理体系和过程运行所需的文件化信息均应得到评审和批准,以确保其适宜性和充分性。 　　在审核过程中,审核员可通过分层抽样的方式,分别在主控部门和运用部门抽查所使用的文件化的信息,获得具体的标识、格式、评审和批准的信息。 　　由于环境管理体系和过程运行范围的不同,所需的文件化信息可能需由不同层级的管理者按照授权进行评审和批准。 　　在审核过程中,审核员应关注适用于部门或区域,诸如分公司或子公司的文件化信息评审和批准信息。
7.5.3　文件化信息的控制	环境管理体系及 ISO 14001 标准要求的文件化信息是否已得到控制,以确保其: 　　a)在需要的时间和场所均可获得并适用; 　　b)受到充分的保护(例如:防止失密,不当使用或完整性受损)。	这里有两个控制重点,一是需要使用文件化信息的场所或岗位人员在任何需要的时机应获得有关文件化信息的适用版本,二是所有文件化信息应得到妥善保护,除了防止误用失效或作废版本和防止在用的文件化信息缺损或缺失外,更重要的是防止文件化信息因控制方式和方法不当导致失密。

续上表

要　　求	审核要点	审核思路
7.5.3　文件化信息的控制	为了控制文件化信息，适用时，组织是否已采取以下适当的活动： ——分发、访问、检索和使用； ——存储和保护，包括保持易读性； ——变更的控制（例如：版本控制）； ——保留和处置。	在审核过程中，审核员应关注其受审核方文件化信息的主控部门是否已界定或确定文件化信息的适用范围或文件化信息分布范围，通过抽查文件化信息的内容查看所涉及的范围，再核查文件化信息的分发信息，或者到使用文件化信息的区域或岗位进行核查，判断其是否满足要求。 　　审核员应沟通其受审核方有关防止文件化信息泄密的措施，查看在用的文件化信息是否存在误用或缺损的情况。 　　受审核方文件化信息所描述的内容，以及所涉及的事项或活动不同，其文件化信息的适用领域可能不同。 　　通常情况下，一些受审核方可能事先根据文件化信息的内容逐一识别和确定文件化信息的适用或分布范围，建立和保持文件化信息分布一览表，包括文件化的信息的名称、编号、适用场所或岗位等信息。 　　伴随信息技术在诸多受审核方的广泛应用，无纸化办公越来越得到更多组织的青睐。因此，文件化信息的主控部门应设置不同文件化信息的"访问"权限。 　　所谓"访问"可能意味着仅允许查阅，或者意味着允许查阅并授权修改。 　　文件化信息的储存方式应便于使用者检索和使用。 　　文件化信息持有人或管理人员应妥善保管各自获得的适用文件化信息的版本，使用之前首先确认所使用的文件化信息的版本，防止误用。 　　在审核过程中，审核员应注意其受审核方在保持文件化信息的主控部门收集有关文件化信息分发的信息。若受审核方使用信息化技术进行无纸化办公，则应抽查其所确定的访问授权是否一致。 　　审核员在获知其受审核方存在文件化信息更新或撤销的信息时，应在文件化的信息的主控部门查看回收的信息，或在文件化信息的使用区域或岗位核查是否还保存着应予以回收的文件化信息。审核员应抽查持有者所保持的适用文件化信息的适宜性和有效性。 　　受审核方应对文件化信息的保留和存放做出适当的规定，包括存放位置和存放及保管方式，以便于查询和使用。 　　受审核方所保持和保留的文件化信息的内容应清晰且具有可读性，准确和完整，并得到妥善保护，以便为环境管理体系有效性和环境绩效提供证实。

要　　求	审核要点	审核思路
7.5.3　文件化信息的控制		在一些组织中,可能会使用电子文档。当使用电子文档时,应对电子文档进行分类存放,并适时进行备份,防止丢失。
		存放和保持在作业现场的文件化信息使用频率较高,且容易被油渍污染,导致所保持的文件化信息损坏严重。因此,很多受审核方可能需要对供现场保持和使用的文件化信息采用过塑的方式可以有效地保护文件。
		受审核方的文件化信息结构和内容的编排最好能够符合 GB/T 1.1《标准化工作导则第 1 部分:标准的结构和编写》,这样可能更便于信息的交流和保持文件化信息的清晰。
		在审核过程中,审核员应注意查看和记录其受审核部门或岗位所使用的文件化信息或电子文档的存放方式是否便于查询和取用,文件化信息的保管方式是否适当,审核员可现场抽查其受审核方的文件化信息,查看其状态。
		受审核方为适应所处环境影响其能力的问题动态的变化,可能导致为确保环境管理体系有效性而对文件化信息进行更改,以适应这种变化的需求。
		受审核方需要定期或适时识别所保持的文件化信息的更改需求,确定对文件化信息实施更改的时机和实施更改,并对更改可能带来的风险进行评估和控制。
		受审核方应对实施更改的文件化信息在发布前进行评审并再次获得批准,标注更新后的版本,回收和换发新的版本。
		在审核过程中,审核员应在受审核方保持文件化信息的主控部门查阅和收集有关文件化信息定期评审和变更的信息,以及对变更内容的风险评价,变更内容的评审和审批信息。
		审核员应查看其受审核方的文件化信息的版本号或修订状态,然后跟踪至文件化信息的使用部门或岗位查看所保持和使用的文件化信息的版本和修订状态的一致性。
		为了防止误用作废或失效的文件化信息,受审核方可采用对其进行"作废/失效"标识,加以区分,或在作废页上进行标识。
		受审核方为积累知识或司法目的,需保留作废/失效的文件化信息应加以标识,以防止误用。

要　　求	审核要点	审核思路
7.5.3　文件化信息的控制	组织是否已识别所确定的对环境管理体系策划和运行所需的来自外部的文件化信息,适当时,应对其予以控制。 　　注:"访问"可能指只允许查阅文件化信息的决定,或可能指允许并授权查阅和更改文件化信息的决定。	受审核方可对不需要保持和保留的作废文件化信息做销毁处理。必要时,可根据作废的文件化信息所涉及商业机密的内容决定销毁的方式。 　　对于受审核方确定的,策划和运行环境管理体系所必需的来自外部的文件化信息可能包括适用的合规义务,也包括有关相关方的要求等。 　　受审核方应识别所需来自外部的文件化信息的需求,开发或建立获取来自外部的文件化信息的资源和渠道,及时获取所需的文件化信息,并跟踪来自外部的文件化信息的变化,适时予以更新。 　　受审核方对来自外部的文件化信息一定要识别到具体的条款要求,并将这些要求传递到相关的区域、部门或岗位。 　　受审核方对所保留的作为符合性证据的文件化信息予以保护,进行编目和归档保存,防止非预期的更改。 　　在审核过程中,审核员应以专业的态度审查其受审核方对来自外部的文件化信息的识别是否充分和适宜,是否及时予以更新,并建立分发或传递的途径和方法,或到使用部门进一步进行核查。 　　审核员因注意观察受审核方所保留的文件化信息的状态和内容的完整性。
8　运行 8.1　运行策划和控制	组织是否已建立、实施、控制并保持满足环境管理体系要求以及实施6.1和6.2所识别的措施所需的过程,通过: 　　——建立过程的运行准则; 　　——按照运行准则实施过程控制。 　　注:控制可包括工程控制和程序。控制可按层级(例如:消除、替代、管理)实施,并可单独使用或结合使用。	在审核过程中,审核员应关注其受审核方如何通过建立过程运行准则和按照运行准则实施过程控制的方式来建立、实施、控制并保持满足环境管理体系要求以及实施ISO 14001标准6.1和6.2条款所识别的措施所需的过程。 　　控制可包括工程控制和程序。控制可按层级(例如:消除、替代、管理)实施,并可单独使用或结合使用。 　　运行控制的类型和程度取决于运行的性质、风险和机遇、重要环境因素及合规义务。组织可灵活选择确保过程有效和实现预期结果所需的运行控制方法的类型,可以是单一或组合方式。此类方法可能包括: 　　1. 设计一个或多个防止错误并确保一致性结果的过程; 　　2. 运用技术来控制一个或多个过程并预防负面结果(即工程控制);

续上表

要 求	审核要点	审核思路
8 运行 8.1 运行策划和控制	组织是否已对计划内的变更进行控制,并对非预期性变更的后果予以评审,必要时,所采取措施可降低任何有害影响。	3. 任用能胜任的人员,确保获得预期结果; 4. 按规定的方式实施一个或多个过程; 5. 监视或测量一个或多个过程,以检查结果; 6. 确定所需使用的文件化信息及其数量。 在审核过程中,审核员应关注其受审核方对变更的管理。 对变更的管理是受审核方保持环境管理体系,以确保能够持续实现其环境管理体系预期结果的一个重要组成部分。 作为变更管理的一部分,受审核方应当提出计划内与计划外的变更,以确保这些变更的非预期结果不对环境管理体系的预期结果产生负面影响。变更包括以下示例: ——计划的对产品、过程、运行、设备或设施的变更; ——员工或外部供方(包括合同方)的变更; ——与环境因素、环境影响和相关技术有关的新信息; ——合规义务的变更。
	组织如何确保对外包过程实施控制或施加影响。是否已在环境管理体系内规定对这些过程实施控制或施加影响的类型与程度。	为对外包过程或对产品和服务的供方实施控制或施加影响,审核员应关注其受审核方是如何基于对下列因素的考虑,决定其自身在业务过程(例如:采购过程)中所需的控制程度。例如: ——知识、能力和资源,包括: (1)外部供方满足受审核方环境管理体系要求的能力; (2)受审核方确定适当控制或评价控制充分性的技术能力。 ——产品和服务对受审核方实现其环境管理体系预期结果的能力所具有的重要性和潜在影响; ——对过程控制进行共享的程度; ——通过采用其一般的采购过程实现所需的控制的能力; ——可获得的改进机会。 当一个过程被外包或当产品和服务由外部供方提供时,受审核方实施控制或施加影响的能力发生由直接控制向有限控制或不能影响变化。

续上表

要　　求	审核要点	审核思路
8　运行 8.1　运行策划和控制		某些情况下,发生在受审核方现场的外包过程可能直接受控;而另一些情况下,受审核方影响外包过程或外部供方的能力可能是有限的。 　　在确定与外部供方,包括合同方有关的运行控制的程度和类型时,受审核方可考虑以下一个或多个因素,例如: 　　——环境因素和相关的环境影响; 　　——与组织制造产品或提供服务相关的风险和机遇; 　　——组织的合规义务。 　　外包过程是满足下述所有条件的一种过程: 　　——在环境管理体系的范围之内; 　　——对于组织的运行是必需的; 　　——对实现组织环境管理体系预期结果是必须的; 　　——组织保有符合要求的责任; 　　——相关方认为该过程是由与外部供方有关系的组织实施的。
	从生命周期观点出发,组织是否已在: 　　a)适当时,制定控制措施,确保在产品或服务设计和开发过程中,考虑其生命周期的每一阶段,并提出环境要求; 　　b)适当时,确定产品和服务采购的环境要求; 　　c)与外部供方(包括合同方)沟通其相关环境要求; 　　d)考虑提供与产品或服务的运输或交付、使用、寿命结束后处理和最终处置相关的潜在重大环境影响的信息的需求。	生命周期是指产品(或服务)系统中前后衔接的一系列阶段,从自然界或从自然资源中获取原材料,直至最终处置。生命周期阶段包括原材料获取、设计、生产、运输和(或)交付、使用、寿命结束后处理和最终处置。 　　在审核过程中,审核员应与其受审核方负责产品和服务设计和开发部门负责人沟通是如何基于生命周期观点识别和确定产品和服务的每一阶段中可能存在的环境因素所可能造成的环境影响而提出的环境要求。并在适当时,了解受审核方所规定的采购产品和服务的环境要求包括哪些具体内容。 　　环境要求是受审核方建立并与其相关方(例如:采购、顾客、外部供方等内部职能)进行沟通的关于受审核方环境相关的需求和期望。 　　受审核方的某些重大环境影响可能发生在产品或服务的运输、交付、使用、寿命结束后处理或最终处置阶段,这应引起审核员的关注。 　　通过提供信息,诸如产品处置说明等,受审核方可能预防或减轻这些生命周期阶段的有害环境影响。 　　在审核过程中,审核员应注意收集上述相关的信息。

要　　求	审核要点	审核思路
8　运行 8.1　运行策划和控制	组织是否已保持必要程度的文件化信息,以确信过程已按策划得到实施。	在审核过程中,审核员应注意收集其受审核方有关运行策划和控制的文件化信息,且这些文件化信息能够证实其受审核方环境运行过程已按策划要求得到实施。
8.2　应急准备和响应	组织是否已建立、实施并保持对 6.1.1 中识别的潜在紧急情况进行应急准备并做出响应所需的过程。 组织是否已: a) 通过策划的措施做好响应紧急情况的准备,以预防或减轻它所带来的不利环境影响; b) 对实际发生的紧急情况做出响应; c) 根据紧急情况和潜在环境影响的程度,采取相适应的措施预防或减轻紧急情况带来的后果; d) 可行时,定期试验所策划的响应措施; e) 定期评审并修订过程和策划的响应措施,特别是发生紧急情况后或进行试验后; f) 适当时,向有关的相关方,包括在组织控制下工作的人员提供与应急准备和响应相关的信息和培训。 组织是否已保持必要程度的文件化信息,以确信过程按策划得到实施。	以一种适合于受审核方特别需求的方式,对紧急情况做出准备和响应是每个受审核方的职责。 在审核过程中,审核员应在主控部门查看其受审核方所建立、实施和保持的针对已识别和确定的潜在紧急情况进行的应急准备和应急响应所需的过程。 审核员应查看其受审核方针对特定潜在紧急情况所制定的环境应急预案,包括针对实际发生的紧急情况如何做出响应,以预防或减轻它紧急情况时所造成的有害环境影响。 审核员应特别关注其受审核方根据紧急情况下可能产生的新的重大环境因素和其潜在环境影响的程度,采取相适应的措施预防或减轻紧急情况带来的后果。 审核员应在审核中关注其受审核方在策划应急准备和响应过程时,是否已经考虑以下方面: 1. 响应紧急情况的最适当的方法; 2. 内部和外部信息交流过程; 3. 预防或减轻环境影响所需的措施; 4. 针对不同类型紧急情况所采取的减轻和响应措施; 5. 紧急情况后评估的需要以确定并实施纠正措施; 6. 定期试验策划的应急响应措施; 7. 对应急响应人员进行培训; 8. 关键人员和救助机构名录,包括详细的联系方式(例如:消防部门、泄漏清理服务部门); 9. 疏散路线和集合地点; 10. 从邻近组织获得相互援助的可能性。 审核员应注意收集其受审核方有关应急准备、应急培训和演练、应急响应,以及评审等相关信息,这些信息应能够证实其受审核方已按应急准备和响应过程的策划安排得到实施。

要　　求	审核要点	审核思路
9　绩效评价 9.1　监视、测量、分析和评价 9.1.1　总则	组织是否已监视、测量、分析和评价其环境绩效。 组织是否已确定： a)需要监视和测量的内容；	在审核过程中,审核员应在其受审核方责任部门或岗位观察和获悉其受审核方对其环境绩效和环境管理体系有效性进行监视、测量、分析和评价,进而改进其有效性的信息。 　审核员应关注和获悉其受审核方策划和确定需实施监视和测量的对象和内容,包括特定的过程和活动,诸如可能影响组织实现其环境目标的关键和重要过程及其活动、环境管理体系过程的薄弱环节,或变更初期尚不稳定的过程等。 　受审核方确定需要监视和测量的内容可能与以下方面有关： 　1. 环境目标实现程度； 　2. 资源,包括能源的消耗； 　3. 污染物或废弃物的排放量； 　4. 与环境管理体系相关的内外部问题,及其变化； 　5. 相关方的需求和期望,包括合规义务及其变化； 　6. 重要环境因素及其变化； 　7. 风险和机遇,及其变化； 　8. 与环境绩效和环境管理体系有效性有关的参数； 　9. 环境管理体系改进需求等。 　当确定应当监视和测量的内容时,除了环境目标的进展外,受审核方还应当考虑其重要环境因素、合规义务和运行控制。
	b)适用时的监视、测量、分析与评价的方法,以确保有效的结果；	审核员应观察和记录其受审核方在其环境管理体系中所规定进行监视、测量、分析和评价所使用的方法,以确保： 　1. 监视和测量的时机与分析和评价结果的需求相协调； 　2. 监视和测量的结果是可靠的、可重现的和可追溯的； 　3. 分析和评价是可靠的和可重现的,并能使组织报告趋势。

要　　求	审核要点	审核思路
9　绩效评价 9.1　监视、测量、分析和评价 9.1.1　总则		受审核方在确定所需的监视、测量、分析和评价的方法时,需考虑被测量项目或内容的特征和关键点,明确监视和测量的具体内容和要求,选择和规定适宜有效的分析和评价方法。 　受审核方所采用的监视、测量、分析与评价的方法应确保有效的结果。 　受审核方的相关职能部门或人员应当向具有职责和权限的人报告对环境绩效分析和评价的结果以便启动适当的措施。
	c)组织评价其环境绩效所依据的准则和适当的参数;	审核员应收集其受审核方在实施监视、测量、分析和评价活动中,是如何或采用何种方式组织评价其环境绩效所依据的准则和适当的参数的信息。
	d)何时应实施监视和测量;	审核员应获悉和记录其受审核方针对不同的监视和测量项目和内容,如何规定何时对其实施监视和测量,以及频次或周期。
	e)何时应分析和评价监视和测量结果。	审核员应关注受审核方如何规定在何时,由哪个部门或人员针对不同监视和测量对象所得到的监视和测量活动的结果进行分析和评价。
	适当时,组织是否已确保使用和维护经校准或经验证的监视和测量设备。	存在时,审核员应查看和记录受审核方对用于环境监测所使用的监视和测量资源按照规定实施校准或检定,并对其予以保养和维护的信息。
	组织是否已评价其环境绩效和环境管理体系的有效性。	绩效是指可测量的结果。有效性是指完成策划的活动并得到策划结果的程度。 　环境绩效是指与环境因素的管理有关的绩效。对于一个环境管理体系而言,可能依据其环境方针、环境目标或其他准则,运用参数来测量结果。 　与环境绩效有关的内容可包括: 　1. 不符合和纠正措施; 　2. 监视和测量的结果; 　3. 合规性义务的履行情况; 　4. 审核结果等。 　审核员应收集和记录其受审核方评价其环境绩效和环境管理体系有效性的过程和方法信息。
	组织是否已按其合规义务的要求及其建立的信息交流过程,就有关环境绩效的信息进行内部和外部信息交流。	在审核过程中,审核员应在主控部门和相关责任部门或岗位调查和收集其受审核方按其合规义务的要求及其建立的信息交流过程,就有关环境绩效的信息进行内部和外部信息交流的相关信息。

续上表

要　　求	审核要点	审核思路
9　绩效评价 9.1　监视、测量、分析和评价 9.1.1　总则	组织是否已保留适当的文件化信息，作为监视、测量、分析和评价结果的证据。	审核员应查看和记录其受审核方所保留的与监视、测量、分析和评价活动相关的文件化信息，并判断其提供结果的证据的充分性。
9.1.2　合规性评价	组织是否已建立、实施并保持评价其合规义务履行情况所需的过程。 组织是否已： a）确定实施合规性评价的频次； b）评价合规性，必要时采取措施； c）保持其合规状况的知识和对其合规状况的理解。	审核员应查看其受审核方所建立、实施并保持评价其合规义务履行情况所需的过程的信息。 审核员应记录其受审核方实施合规性的频次。合规性评价的频次和时机可能根据要求的重要性、运行条件的变化、合规义务的变化，以及受审核方以往绩效而有所不同。 在审核过程中，审核员应关注其受审核方是如何实施合规性评价的，评价所使用的信息是否充分、真实、可靠。 作为受审核方可能使用多种方法保持其对合规状态的认知和理解，但所有合规义务均需定期予以评价。 如果合规性评价结果表明未遵守法律法规要求，受审核方则需要确定并采取必要措施以实现合规性，这可能需要与监管部门进行沟通，并就采取一系列措施满足其法律法规要求签订协议。协议一经签订，则成为合规义务。 若不合规项通过环境管理体系过程已予以识别并纠正，则不合规项不必升级为不符合。与合规性相关的不符合，即使尚未导致实际的不符合法律法规要求，也需要予以纠正。
	组织是否已保留文件化信息，作为合规性评价结果的证据。	审核员应查看其受审核方所保留的与合规性评价有关的文件化信息，判断其作为合规性评价结果的证据的充分性和有效性。
9.2　内部审核 9.2.1　总则	组织是否已按计划的时间间隔实施内部审核，并以提供下列环境管理体系的信息： a）是否符合： 1）组织自身环境管理体系的要求； 2）ISO 14001标准的要求。 b）是否得到了有效的实施和保持。	内部审核是受审核方为获得客观证据并对其自身的环境管理体系进行客观的评价，以确定满足审核准则，包括ISO 14001标准要求和受审核方自身的环境管理体系要求，以及受审核方的环境管理体系是否得到有效实施和保持，所进行的系统的和独立的过程。 审核员应在责任牵头部门或岗位观察和收集其受审核方组织按照审核方案所策划的时间间隔进行内部审核，进而通过内部审核验证组织的环境管理体系是否符合ISO 14001标准和组织所确定的环境管理体系要求，是否得到有效实施和保持的相关信息。

要　　求	审核要点	审核思路
9.2　内部审核 9.2.1　总则		受审核方在确定内部审核组的规模时,应考虑拟审核的区域、职能和过程的复杂程度,并确保内部审核的独立性和有效性。 　　受审核方内部审核组成员应按照内部审核计划的安排准备审核检查表,实施现场审核,收集客观证据,形成审核发现,得出审核结论。 　　在审核过程中,审核员首先应关注其受审核方对内部审核过程策划的充分性和合理性,包括所界定的审核范围是否覆盖其环境管理体系的所有过程和活动的信息。 　　审核员应注意查看并收集其受审核方内部审核组成员所编制的审核检查表和对应的审核发现,以及不符合报告和审核报告等相关文件化信息,综合判断其受审核的内部审核的系统性、充分性、独立性和有效性。
9.2.2　内部审核方案	组织是否已建立、实施并保持一个或多个内部审核方案,包括实施审核的频次、方法、职责、策划要求和内部审核报告。 　　建立内部审核方案时,组织是否已经考虑相关过程的环境重要性、影响组织的变化以及以往审核的结果。 　　组织是否已: 　　a)规定每次审核的准则和范围; 　　b)选择审核员并实施审核,确保审核过程的客观性与公正性; 　　c)确保向相关管理者报告审核结果。	审核方案是指针对特定时间段所策划并具有特定目标的一组(一次或多次)审核安排。 　　审核员应关注其受审核方是否基于或考虑环境目标、有关过程的重要性和环境绩效、相关方反馈,以及影响受审核方的变化和以往的审核结果,策划、建立、实施和保持审核方案,其内容应包括审核的频次、方法、职责、策划要求和内部审核报告编制等。 　　审核员应查看其受审核方在审核方案中确定每次审核的准则和范围,不管是采取滚动式审核或集中式审核均应明确其审核准则和审核范围。 　　审核员需关注其受审核方选择内部审核员和实施审核过程中应确保审核活动的独立性,通常不宜安排审核员审核自己的工作,或自己所分管的工作,来确保审核过程的客观性和公正性。 　　内部审核过程是受审核方自我诊断和自我发现问题的一种机制和手段,其所获得的审核发现和审核结果应是高管团队进行管理改进决策的重要输入,因此,受审核方应确保将审核结果及时报告给相关管理者。 　　审核员应关注其受审核方将内部审核过程中所发现和确定的不符合指定相关责任区域的管理者,督促其及时采取必要的纠正和纠正措施,并跟踪纠正和纠正措施实施的有效性。

续上表

要　　求	审核要点	审核思路
9.2.2　内部审核方案	组织是否已保留文件化信息，作为审核方案实施和审核结果的证据。	审核员应查看和记录与其受审核方所建立和保持与审核方案、审核方案的实施、审核过程和审核结果有关的文件化信息，判断其作为审核方案实施和审核结果的证据的充分性和适宜性。
9.3　管理评审	最高管理者是否已按计划的时间间隔对组织的环境管理体系进行评审，以确保其持续的适宜性、充分性和有效性。	管理评审是指由组织的最高管理者按照策划的时间间隔，基于环境管理体系过程的运行绩效和内、外部环境变化的充分信息，对环境绩效和环境管理体系的有效性，包括环境方针和环境目标的持续适宜性所进行的正式评价，并基于评价结果识别改进和变更的决策活动，其目的是确保受审核方的环境管理体系的适宜性、充分性和有效性，以及与其战略方向的一致性。 审核员应在受审核方的责任牵头部门或岗位收集其受审核方管理评审策划的信息，规定管理评审活动的时间间隔，以及参加评审的人员和拟评审的项目和内容。 针对诸多受审核方而言，管理评审活动应该是个常态的活动。当发生相关方投诉或需要立即实施变更时，则需要最高管理者立刻进行管理评审。在一个认证周期内，受审核方可能实施了多次管理评审，也可能每次仅对某一个特定的事项进行管理评审。不同的事项也可能需要不同的人员参加评审。
	管理评审是否包括对下列事项的考虑： 　a)以往管理评审所采取措施的状况； 　b)以下方面的变化： 　1)与环境管理体系相关的内、外部问题； 　2)相关方的需求和期望，包括合规义务； 　3)其重要环境因素； 　4)风险和机遇。 　c)环境目标的实现程度； 　d)组织环境绩效方面的信息，包括以下方面的趋势： 　1)不符合和纠正措施； 　2)监视和测量的结果；	审核员应关注和获悉其受审核方在策划和实施管理评审活动时所确定的管理评审的输入信息的完整性和充分性，包括： 　1.以往管理评审所采取措施的情况，即受审核方针对上一次管理评审输出的决定和措施要求的具体响应和实施结果的情况； 　2.与环境管理体系有关的内、外部问题、相关方的要求，以及合规义务、重要环境因素、风险和机遇的变化等； 　3.环境目标的实现程度； 　4.下列有关环境绩效方面的信息，包括其趋势： 　(1)不符合和纠正措施； 　(2)监视和测量结果； 　(3)合规性义务的履行情况； 　(4)审核结果。 　5.资源的充分性，包括受审核方为控制污染，提升环境绩效所需的资源等。

续上表

要　　求	审核要点	审核思路
9.3　管理评审	3）其合规义务的履行情况； 4）审核结果。 e）资源的充分性； f）来自相关方的有关信息交流，包括抱怨； g）持续改进的机会。 管理评审的输出是否包括： ——对环境管理体系的持续适宜性、充分性和有效性的结论； ——与持续改进机会相关的决策； ——与环境管理体系变更的任何需求相关的决策，包括资源； ——如需要，环境目标未实现时采取的措施； ——如需要，改进环境管理体系与其他业务过程融合的机遇； ——任何与组织战略方向相关的结论。 组织是否已保留文件化信息，作为管理评审结果的证据。	6. 来自相关方的有关信息，包括相关方的抱怨和投诉； 7. 改进的机会，包括针对改善环境管理体系有效性和环境绩效方面的改进机会。 审核员应查看或沟通其受审核方最高管理者针对管理评审输入信息进行评价或评审，基于评价结果识别改进和变更需求，所确定的管理评审输出的信息，包括： 1. 对环境管理体系的持续适宜性、充分性和有效性的结论； 2. 与持续改进机会相关的决策，包括对重要环境因素实施控制，提升环境绩效方面的改进； 3. 与环境管理体系任何变更的需求，包括对环境管理体系、运行过程及其职能的变更需求； 4. 资源需求，包括受审核方为提升环境绩效，或改善环境管理体系，以及过程的有效性和效率所需的资源的需求； 5. 针对未达成环境目标的情况需要采取的措施； 6. 识别和确定改进环境管理体系与其他业务过程融合的机遇； 7. 任何与其受审核方战略方向相关的结论。 管理评审输出通常为管理评审报告的形式。 审核员应关注其受审核方所保持的文件化信息，包括管理评审计划、管理评审输入的相关信息、管理评审活动的记录，以及管理评审报告等，判断其作为管理评审结果的证据的充分性。
10　改进 10.1　总则	组织是否已确定改进的机会（见 9.1，9.2 和 9.3），并实施必要的措施实现其环境管理体系的预期结果。	没有改进就没有前进和发展。 在审核过程中，审核员应与其受审核方的最高管理者沟通其如何通过监视、测量、分析和评价，以及通过内部审核和管理评审活动可识别和确定哪些改进机会，并实施哪些必要的措施，以及所达成的结果。 改进的示例包括纠正措施、持续改进、突破性变更、创新或重组。
10.2　不符合和纠正措施	发生不符合时，组织是否已： a）对不符合做出响应，适用时： 1）采取措施控制并纠正不符合；	不符合是指不满足要求，包括环境污染事件和环境影响异常。 当发生环境事件，或相关方抱怨和投诉时，受审核方应对不符合做出响应，适用时，包括：

续上表

要　　求	审核要点	审核思路
10.2　不符合和纠正措施	2)处理后果,包括减轻不利的环境影响。	1. 对不符合采取措施予以控制,包括采取工程控制和程序,防止环境事故的发生;
		2. 及时处理不符合所产生的后果,包括采取消解或环境修复措施,减轻不利的环境影响。
	b)通过以下方式评价消除不符合原因的措施需求,以防止不符合再次发生或在其他地方发生: 1)评审不符合; 2)确定不符合的原因;	在审核过程中,审核员应观察和记录其受审核方通过以下活动,评价是否需要采取措施,以消除产生不合格的原因,避免其再次发生或者在其他场合发生: 1. 授权相关职能或人员评审和分析不符合; 2. 确定导致不合格的原因,在进行原因分析时,应分析到可以采取措施的末梢原因,其原因可能是一个,也可能是若干个;
	3)确定是否存在或是否可能发生类似的不符合。 c)实施任何所需的措施;	3. 对既有的不合格举一反三,查找和确定是否存在潜在的类似不合格的发生。 审核员应观察和获悉其受审核方针对导致不符合的原因所制定的纠正措施,以及实施所确定的纠正措施的信息。
	d)评审所采取的任何纠正措施的有效性; e)必要时,对环境管理体系进行变更。	当纠正措施实施完毕后,受审核方应全面评审纠正措施计划实施的有效性,验证其结果是否满足预定的目标,以及分析可能遗留的问题。 必要时,受审核方可对环境管理进行变更,并评价变更过程的风险。
	纠正措施应与所发生的不符合造成影响(包括环境影响)的重要程度相适应。 组织是否保留文化化信息作为下列事项的证据: ——不符合的性质和所采取的任何后续措施; ——任何纠正措施的结果。	受审核方所采取的纠正措施应与所发生的不符合造成的影响(包括环境影响)程度相适应,避免小题大做。 审核员应查看其受审核方所保留与对任何不合格的性质及随后所采取的纠正措施,以及纠正措施的结果的文件化信息,以及作为实施不合格评审以及针对不符合所采取纠正措施的证据的充分性。
10.3　持续改进	组织是否采取措施持续改进环境管理体系的适宜性、充分性与有效性,以提升环境绩效。	每一个渴望成功的组织都会专注于持续改进。因为持续改进是受审核方的永恒主题。 支持持续改进的措施的等级、程度与时间表由受审核方确定。通过整体运用环境管理体系或改进其一个或多个要素,均可能提升环境绩效。 在审核过程中,审核员应与其受审核方的最高管理者沟通如何利用分析和评价的结果,以及管理评审输出,识别和确定是否存在需要其关注的持续改进的需求和机遇,进而确定改进的方向和目标,制定并实施改进措施或改进计划,提升环境绩效。

附录二　复习思考题参考答案

第一章　复习思考题参考答案

一、判 断 题

1.√；　2.√；　3.√；　4.√；　5.√；　6.×；　7.√；　8.×；　9.√；　10.×；　11.√；　12.√。

二、单 选 题

1.B；　2.D；　3.D；　4.D；　5.D；　6.D；　7.D；　8.C。

三、多 选 题

1.A、B、C；　　2.A、B、C、D；　　　3.A、C；　　　4.A、B、C；　　　5.A、B。

第二章　复习思考题参考答案

一、判 断 题

1.×；　2.√；　3.√；　4.√；　5.√；　6.√；　7.√；　8.×；　9.×；　10.×；　11.√；　12.√；
13.√；　14.√；　15.×；　16.×；　17.×；　18.√；　19.×；　20.×；　21.√；22.√；　23.×；　24.×；
25.×；　26.×；　27.√；　28.√；　29.×；　30.√；　31.√；　32.×。

二、单 选 题

1.D；　2.D；　3.D；　4.C；　5.D；　6.D；　7.D；　8.D；　9.C；　10.D；　11.D；　12.D；
13.A；　14.D；　15.D；　16.D；　17.D；　18.D；　19.D；　20.D；　21.D；　22.D；　23.B；　24.C；
25.D；　26.B；　27.C；　28.D；　29.D；　30.B；　31.B；　32.C；　33.D；　34.D；　35.D；　36.D；
37.D；　38.C。

三、多 选 题

1.A、B、C、D；　　2.A、B、C、D；　3.A、B、C；　　4.A、B、C、D；　5.A、B、C、D；　6.A、B、C；
7.A、B、C、D；　8.A、B、C；　9.A、B、C、D；　10.A、B、C、D；　11.A、B；　　　12.A、B；
13.A、B、C；　　14.A、B、C、D；　15.A、B、C；　　16.B、C；　　　17.A、B、C；　　18.A、B、C、D；
19.A、B、C、D。

第三章　复习思考题参考答案

一、判　断　题

1. √；　2. √；　3. √；　4. √；　5. √；　6. √；　7. √；　8. √；　9. √；　10. √；　11. √；　12. √；
13. ×；　14. √；　15. √；　16. √；　17. √；　18. ×；　19. √；　20. ×；　21. √；22. ×；　23. √；　24. √；
25. √；　26. √；　27. √；　28. √；　29. √；　30. √；　31. √。

二、单　选　题

1. C；　2. D；　3. C；　4. D；　5. D；　6. D；　7. A；　8. D；　9. D；　10. C；　11. D；　12. B；
13. D；　14. D；　15. D；　16. D；　17. C；　18. D；　19. D；　20. D；　21. D；22. C；　23. D；　24. D；
25. D；　26. D；　27. B；　28. D；　29. A；　30. D；　31. D；　32. C；　33. D；34. D；　35. D；　36. C；
37. B；　38. C；　39. B；　40. C；　41. D；　42. D；　43. D；　44. D；　45. B；46. D；　47. D；　48. D；
49. A；　50. D；　51. D；　52. B；　53. C；　54. D；　55. C；　56. C；　57. D；58. D；　59. D；　60. D；
61. D。

三、多　选　题

1. A、B、C、D；　2. A、C；　3. A、B、C、D；　4. B、C；　5. A、B、C、D；　6. A、B、C、D；
7. A、B、C、D；　8. A、B、C、D；　9. A、B、C、D；　10. A、B、C、D；　11. A、B、C、D；12. A、B、C、D；
13. A、B、C、D；　14. A、B、C、D；　15. A、B、C、D；　16. A、B、C、D；　17. A、B、C；　18. B、C、D；
19. A、B、C、D；　20. A、B、C、D；　21. A、B、D；　22. A、B、C、D；　23. A、B、C、D；　24. A、B、C、D；
25. A、B、C、D；　26. A、B、C、D；　27. A、B、C、D；　28. A、B、C、D；　29. A、B、C、D；　30. A、B、C、D；
31. A、B、C、D；　32. A、B、C、D；　33. A、B、C、D；　34. A、B、C、D；　35. A、B、C、D；　36. A、B、C。

四、思考题（略）